亲近大自然系列

野外观鸟手册

赵欣如　肖雯　张瑜　编

U0331485

化学工业出版社
生物·医药出版分社
·北京·

图书在版编目（CIP）数据

野外观鸟手册 / 赵欣如，肖雯，张瑜编.—北京：化学工业出版社，2010.3（2024.8重印）

（亲近大自然系列）

ISBN 978-7-122-07678-6

I. 野… II. ①赵…②肖…③张… III. 鸟类-手册 IV. Q959.7-62

中国版本图书馆CIP数据核字（2010）第015420号

责任编辑：李　丽　　　　　装帧设计：关　飞
责任校对：顾淑云

出版发行：化学工业出版社　　生物·医药出版分社
　　　　　（北京市东城区青年湖南街 13 号　邮政编码 100011）
印　　装：北京瑞禾彩色印刷有限公司
720mm×1000mm　1/32　印张10　字数225千字
2024年8月北京第1版第15次印刷

购书咨询：010-64518888
售后服务：010-64518899
网　　址：http：// www.cip.com.cn

凡购买本书，如有缺损质量问题，本社销售中心负责调换。

定　　价：39.00元

编写人员名单

编　写：赵欣如　肖　雯　张　瑜

摄　影：陈建中　苟　军　江航东　沈　越

　　　　舒晓南　王传波　王吉衣　吴秀山

　　　　虞海燕　张锡贤　张　永　张　瑜

　　　　赵　超

前言
Preamble

　　观鸟是一件充满快乐的户外活动，它的美妙之处许多人一生都享受不尽，可谁能知道，这项活动已经存在和发展了200多年，它是一项男女老少都适合参加的健康性活动。

　　从1996年开始，由北京悄然兴起了民间的观鸟活动，10多年来发展可谓迅速而喜人。短短的十几年，观鸟活动从无到有，从小到大，从北京发展到全国各地，观鸟的各种民间组织如雨后春笋在各地建成，观鸟的主题网站也越来越多。在我们看来：中国的经济发展，中国的科教发展，中国的社会变革促进和推动了观鸟活动的普及，它是中国社会发展历史上文明进步的又一标志。

　　有时候，我们告诉那些带着好奇心的关注者：观鸟在中国是奇妙的活动，是痛苦的活动，也是快乐的活动。说奇妙是因为它仍是一项鲜为人知的活动，许多人至今不曾了解。其实观鸟活动除了望远镜之外几乎不再需要更多的设备，很容易开展。无论你走到世界各地都能找到你的观察对象，都可以找到不曾见面的鸟友，许多国家都有成千上万的人将观鸟作为不可替代的终生爱好；说痛苦是因为一些观鸟初学者和不得法的观鸟者心存疑虑。即使走很远的路也看不到想看的鸟，心理备受折磨，甚至于怀疑自己从事此项活动的能力；说快乐是因为绝大多数观鸟者，特别是心境平和的观鸟者，他们的好奇心常常能得到满足，不时有新的发现，不断有新的收获。观鸟成为生活中不可缺少的部分，可以享受不尽的快乐。

　　孩子们最喜欢小鸟，是因为它们有趣；大人们对鸟儿不以为然，是因为丢失了好奇心。当今人们在快节奏工作与生活之余，不断反思自身的生活质量与品位。回归自然，返璞归真，走向户外，选择一项适合自己且有趣味的活动是许多朋友正在思考的问题。如果你学会观鸟，那你将终生受益。一位外国朋友曾经这样说：学会观鸟，如同获得了一张走入大自然的终生免费门票。

鸟类是大自然中的歌唱家，它们的歌声复杂多变，婉转动听，令人赞叹。正是有了它世界才变得如此美妙！

鸟类也是表演艺术家，它们的舞蹈可以从陆地跳到水里，从枝头跳到空中……肢体语言极其丰富。既能单个表演，又能群体飞舞。而如此多样的表演充分表达着鸟类生命世界的各种意义。

鸟类是最适合人类观察研究的重要朋友。在现存的9000多种鸟类中，绝大多数种类多是日行性，和人类的起居节奏相同，适合人们观察和研究。要知道，全世界业余者参加最多的两大科学领域就是天文学和鸟类学。世界上不能没有鸟类，它们是自然生态中不能缺少的重要类群。当你看到熟悉的鸟时，如同旧友重逢。当你看到不曾认识的鸟时，就是结识新的朋友。

鸟类是一本自然历史的书。它记载着生命的演替，叙述着讲不完的故事，呈现着自然的法则。在你读这本书的过程中，能够悟出天地之间的规律，能够懂得许多道理。从而规范自己的行为，学会尊重自然，善待生命。学会欣赏自然，热爱生活。读好这本书你会受益无穷！

来，让我们一起学习观鸟。真正享受和体验观鸟活动带给我们的快乐吧！

赵欣如

2010年2月于北京师范大学

目 录
Contents

一、学会观鸟

1. 什么是观鸟

　　简单地说，观鸟就是直接用眼睛或者借助望远镜等光学设备，观察野生状态下的鸟类。有人除了视觉观察之外还可通过聆听鸟儿的叫声来识别鸟类、解读鸟类。观鸟可分为三个层次，一是观察鸟类的体形、羽毛颜色等形态特征；二是观察鸟类的取食、求偶、繁殖、迁徙等行为习性；三是观察鸟类和它们的栖息环境，即观"生态"。

　　观鸟兴起于18世纪晚期的英国和北欧，最初仅是一种贵族的消遣活动。到了今天，观鸟已经在世界上许多国家盛行，英国皇家鸟类学会拥有超过100万的会员，也就是说，在英国，每30个成年人里就有一个人热衷于观察鸟类；美国每年参加观鸟的人次超过6000万，是世界上观鸟人数最多的国家。

　　观鸟既引导人们对大自然的热爱，又提高人们认识鸟类的能力；既是学习，又是娱乐；既增强人们对科学的认识，又培养人们尊重自然的态度。

　　观鸟是一种探索与发现；

　　观鸟是一种认知活动；

　　观鸟是一种户外运动；

　　观鸟是一种休闲方式；

　　观鸟是一种纯净的爱好；

　　观鸟是一种心理的享受。

2. 用什么观鸟

　　望远镜和一本实用的鸟类图鉴是野外观鸟取得理想效果的重要工具。

鸟类通常难以接近，尤其在开阔的湖泊、沼泽、草原、沙漠等环境下，很少有天然的遮蔽物，鸟类很容易因发现观察者而飞走。望远镜能在观察效果上缩短我们和鸟类之间的距离。一只7～10倍的双筒望远镜是观鸟者的首选，它们一般都视野宽、体积小、重量轻、便于携带，适于在行走时和在树林中观察近距离的鸟，双筒望远镜的镜身上标有技术参数，例如"8×30"，其中的"8"表示倍数，即观察800米远的鸟时，就像在100米远的地方观鸟一样；"30"表示物镜的直径（单位是毫米）；观察远距离、较长时间停留在一地的鸟，如湖泊中栖息的鸭雁类，需要借助一只20～60倍的单筒望远镜和起支撑作用的三脚架。

双筒望远镜的选择 倍数7～10， 物镜直径30～50mm， 视角7～9°。 明亮度系数9～25。	在此范围内的望远镜，重量适中，手持稳定，视野较宽（容易搜索观察对象）的较适合野外观察使用。
单筒望远镜的选择 倍数20～40， 物镜直径65～80mm。	超过40倍则明亮度变差，视角狭小。

鸟类图鉴中的鸟种通常遵循鸟类学的科学分类系统编排，以鸟类的图片为主，帮助读者从形态上把握鸟类的特征，同时辅以必要的文字说明，补充图片之外的重要信息，如图片上不易表现的形态特征、鸟类的习性、分布等信息。鸟类图鉴一般分为手绘图鉴和摄影图鉴两大类。本书即是一本典型的摄影图

鉴，收录了中国的300个代表性鸟种的生态照片，图片的作者均为资深鸟友。这些精美的图片不仅能够帮助辨识鸟种，还能帮助大家从生态学的角度更好地认识鸟类。

3. 如何观鸟

鸟儿是跃动的精灵，飞来飞去，往往刚进入视线，转瞬便跃上枝头，消失了踪影。鸟的活动性给观鸟带来了一定困难，经常是刚看清鸟的一个部位，鸟已飞走了。除非对鸟的习性、模样了如指掌的人，能在短时间内，确认看到的是何种鸟。

对初学者来说，观鸟看似很难，但识别鸟类确有一定的窍门，可参考下述方法：

按类识鸟

中国的鸟可以划分成六大生态类群。

★ **游禽**：嘴宽而扁平，脚短，趾间有蹼，善于游泳，通常生活在水上，食鱼、虾、贝或水生植物，如鸿雁、鸳鸯。

★ **涉禽**：嘴长、颈长、后肢长，适于在浅水中涉水捕食，如白鹭、丹顶鹤。

★ **陆禽**：翅短圆（尤其雉鸡类），后肢强劲，善奔走，喙弓形，如环颈雉、山斑鸠。

★ **猛禽**：嘴强大呈钩状，翼大而善飞，趾有锐利的钩爪，性凶猛，捕食鸟、兽、蛇等或食腐肉，如苍鹰、猎隼。

★ **攀禽**：足趾发生多样特化，善于攀缘，如大斑啄木鸟、四声杜鹃。

★ **鸣禽**：种类繁多，造巢行为复杂，善鸣叫，如蒙古百灵、大山雀。

刚开始观鸟，不要操之过急。初学者不妨先从生态类群入手区分大类。以后随着时间的推移，鸟类知识越来越丰富，再去区分鸟的目和科、属，最后区分到种。认识鸟的生态类群可以说是识别鸟的基本功。

看体识鸟

观鸟首先看到的是体形大小。鸟的体形分成大、中、小三等或大、较大、中等、较小和小五等。鸟的体形大小没有客观标准，只是在一定范围内比较而言。如在非雀形目中，与池鹭、白鹭相近的为中型鸟类，而在雀形目中，乌鸦就算大型鸟类了。鸟类图鉴中，对鸟种大小的描述，我们应恰当理解。

★ **嘴形：** 鸟的嘴型丰富多变，根据鸟嘴的长短、形状，可以对鸟有一个初步印象。鹤、鹭等都具有嘴长的特征，苍鹰、黑鸢等嘴下弯如钩，并有齿，齿是用来帮助撕咬鼠、蛇等小动物的。有些鸟嘴特殊而醒目，如黑脸琵鹭，它的嘴比其它鸟嘴细长得多，像一把扁铲，粗糙而不光滑。犀鸟的嘴形象犀牛的嘴，巨大而强壮。

★ **尾形：** 通过野外观察，我们可以辨识鸟尾的形态，平尾、叉尾及特殊尾形等。鹌鹑、鹧鸪的为短尾，环颈雉、白鹇、寿带是长尾，家燕、雨燕、燕鸥的尾是叉尾，白鹭的尾是平尾。

看色识鸟

观察鸟类的羽毛颜色，需顺光观察。除注意整体的主要颜色之外，还要在短时间内看清头、颈、胸、背、翅、尾等主要部位并抓住一两个最醒目的颜色特征，如头顶、眉纹、翅斑及尾斑等处的鲜艳或异样色彩。有些颜色斑块需要在鸟飞行的过程中才能看清。如灰眉岩鹀外侧尾羽有明显的白斑。停落时由于尾羽合拢，不见白斑，只有飞行时外侧尾羽的白斑才能一现。

闻声识鸟

★ 鸣声有几种情况：一是有开始、中间和收尾的，如黄鹂、原鸡；二是单调枯燥的"呜呜"或"呱呱"声的，如乌鸦、夜鹭；三是声音尖细，微微颤抖，这种类型多为小型鸟类，如金翅、燕尾；四是婉转悠扬极富韵律的，如云雀、画眉。

★ 只有熟悉鸟鸣，才能凭声音识别鸟的种类。细心倾听鸟鸣，可以用符号和数字记录鸣声音节。刚开始时，可以先分辨鸟鸣有几个音节，之后，再仔细分辨每个音节的长短和高低，用汉语拼音字母记录下来。如果随身携带录音机，将鸟鸣记录下来，可以反复播放，帮助识别和记忆。

★ 把鸟的叫声编成有趣的词语不失为帮助记忆的好办法，如大杜鹃的鸣声为"布谷"，鹰鹃的叫声为"米贵阳"，四声杜鹃的叫声为"光棍好苦"，白腹锦鸡为"金嘎嘎"。

望飞识鸟

★ 不同的鸟类飞行的曲线和姿势并不相同。喜欢直线飞行的有鸭类、乌鸦。一会儿俯冲，一会儿高飞，像大海的波涛般飞行的有鹨、啄木鸟等。鸳、雕的飞行能力强，能长时间借助上升气流在高空翱翔。燕子短途飞行速度很快，并且常改变方向。像直升机一样直飞直降的有云雀。列队飞行排成人字形和排成"一"字形的有雁类，天鹅。

★ 停落时的姿势与位置也有助于识别鸟类。常攀在树干上的有旋木雀、啄木鸟，在岩壁上攀缘的有红翅旋壁雀，喜欢停在树枝顶端的有伯劳，停在电线杆上的有红隼。

按季识鸟

★ 随着季节的变化，候鸟南北迁徙。春夏在某处繁殖的鸟为夏候鸟，秋冬在某处越冬的鸟为冬候鸟。了解到候鸟的习性，我们就能明白，春夏两季，野外观到的鸟只能是留鸟或者夏候鸟，而秋冬两季，野外就是留鸟和冬候鸟的天下了。

★ 不同的环境有不同的鸟，鸟的生活有明确的区域性。在湿地沼泽，见到的鸟多为游禽或涉禽，攀禽、鸣禽则喜欢在林地里活动。

★ 有了季节和环境的概念之后，对某时间段、某种环境内可能出现的种类就能做到心中有数了。

遗物识鸟

★ 在野外考察常会遇到鸟的羽毛、粪便及食物残渣留在地面，特别是沼泽、沙地上的趾印。根据这些遗物和趾印也能判断和分析出一些鸟的种类。

★ 在野外识别鸟类，要注意勤记笔记，笔记内容包括观测时间、天气情况，鸟类数量、鸟类特征，有可能的话，把鸟的形状画在笔记本上。观测结束后，最好到当地研究所、大专院校和博物馆的鸟类标本室查对标本，这会有利于提高识别能力。

4. 去哪里观鸟

居住的社区，是最方便的观鸟环境。用心观察，会发现生活的社区里除了常见的麻雀、喜鹊之外还有啄木鸟、斑鸠、雀类等，仔细辨识会发现它们是大斑啄木鸟、灰头绿啄木鸟、珠颈斑鸠、金翅雀、蜡嘴雀、燕雀。若是社区有小面积水域，还会看到翠鸟、鹡鸰。用心就会有收获。

城市公园，是城市中观察野生鸟类的好去处。公园是城市的绿洲，能够吸引大量的鸟类来栖息、停歇，且交通相对便利，环境较社区更多样化，鸟的种类也更丰富。北京颐和园公园种植有多种乔木、灌木和草本植物，吸引了大量林鸟，园中昆明湖的大面积水域又为水鸟提供了良好的栖息环境。据统计，在颐和园记录到的鸟种数已超过70种。

自然保护区是观察野生鸟类的理想环境。自然保护区有保护珍贵和濒危动、植物以及各种典型的生态系统的作用，植被和地理环境的丰富为鸟类的生活提供了适宜的场所。根据自然保护区环境类型及所在地域的差异，鸟类资源有所不同，且在保护区内易观察到一些珍稀濒危的鸟种。

中国的观鸟圣地

★ 河北北戴河——迁徙水鸟的观察圣地，与上海崇明东滩遥相呼应。

★ 河南信阳——多彩的林鸟观察点，凡是去了的人都大有收获。

★ 江西婺源——在那能看到著名的黄喉噪鹛，中国的特有种。

★ 湖南东洞庭湖——观赏大群越冬水鸟的好地方。

★ 山东东营——黄河的入海口，鹤类、天鹅的观赏地。

★ 云南高黎贡山——云南省鸟类资源最丰富的地区之一，雉科鸟类丰富，共记录到18种。

二、如何使用本书

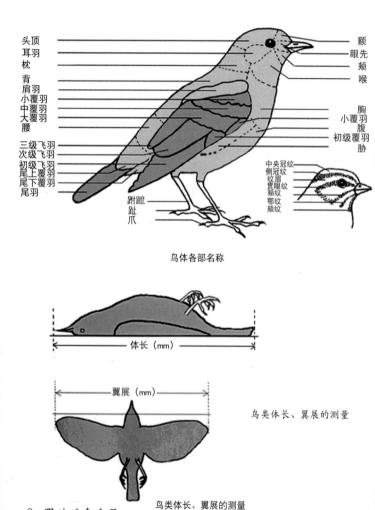

头顶
耳羽
枕
背
肩羽
小覆羽
中覆羽
大覆羽
腰
三级飞羽
次级飞羽
初级飞羽
尾上覆羽
尾下覆羽
尾羽

额
眼先
颊
喉

胸
小覆羽
腹
初级覆羽
胁

中央冠纹
侧冠纹
贯眼纹
颚纹
颊纹

跗蹠
趾
爪

鸟体各部名称

体长（mm）

翼展（mm）

鸟类体长、翼展的测量

鸟类体长、翼展的测量

1. 鸟种命名及排序

本书采用中国鸟类学家郑光美院士主编《中国鸟类分类与分布名录》（2005）的分类系统，鸟种命名和排序主要以此为据。每个鸟种均有中文名、英文名、学名（拉丁名），如"小䴙䴘"是鸟种的中文名，"Little Grebe"是英文名，"*Tachybaptus ruficollis*"是学名。为了方便读者，部分鸟种还标出了俗名。

2. 鸟种识别

每个鸟种均配有一张对应的鸟类生态照片，照片多以雄性成年个体在繁殖期的形态为代表。雌雄、成幼形态差异较大或是繁殖期与非繁殖期形态差异较大的鸟种，在"识别要点"中均给出了具体的文字描述。

3. 鸟种索引

书中为读者提供了多种检索鸟种的方式：根据中文名的拼音顺序检索；根据英文名的字母顺序检索；根据学名的字母顺序检索。

另外，根据鸟类生活习性和生活环境的不同，可将中国的鸟类分为游禽、涉禽、猛禽、陆禽、攀禽和鸣禽六大生态类群，为了能让读者更好地了解和理解鸟类的适生环境，本书还专门为读者提供了鸟类的生态类群索引。

4. 名词释义

夏候鸟	夏季在某一地区繁殖，秋季离开到南方较温暖地区过冬，翌春又返回这一地区繁殖的候鸟。就该地区而言，称夏候鸟。

冬候鸟	冬季在某一地区越冬，翌年春季飞往北方繁殖，至秋季又飞临这一地区越冬的鸟，就该地区而言，称冬候鸟。
留鸟	终年栖息于同一地区，不进行远距离迁徙的鸟类。
旅鸟	候鸟迁徙时，途中经过某一地区，不在此地区繁殖和越冬，这些种类就成为该地区的旅鸟。
蜡膜	有些种类的鸟上喙基部为柔软的皮肤，即蜡膜，如鹰、隼、鸠鸽。
飞羽	翼区后缘所着生的一列强大而坚韧的羽毛。
初级飞羽	着生在手部（腕骨、掌骨和指骨）上的飞羽。
次级飞羽	着生在小臂（尺骨）上的飞羽。
三级飞羽	着生在最内侧尺骨上的次级飞羽（羽毛形态往往区别于其他次级飞羽）。
栖息地	鸟类生活和繁殖的场所，也就是鸟类生活的环境条件。
领域	鸟类为了满足其繁殖和生存的需要而占据的一定区域。这个区域往往受到领域拥有者有效的保护，不允许其他鸟类和动物，尤其是同种的同性个体的进入。
求偶炫耀	能够吸引异性并最终导致交配的一种行为。鸟类的求偶炫耀通常是通过鸣啭或鸣叫、体色显示或姿态炫耀、婚飞以及其他各种独特的行为方式来吸引异性的一种行为。
巢	鸟类繁育后代的一个特殊场所。筑巢是鸟类繁殖过程中一个重要环节。

5. 鸟体各部名称

本书采用中国鸟类学家郑光美院士主编的《中国鸟类分类与分布名录》（2005年）的分类系统及命名方式。

观鸟者可以通过以下方式使用本书，帮助您更好地识别鸟类：

① 图片和文字对照着看；

② 观鸟随身携带查阅和居家细读相结合；

③ 发现问题，使用个人的观鸟记录追踪查阅；

④ 随时将重要的信息直接标注在相关页面上。

另外，在"生态类群索引"中附有各类群剪影图，读者可方便地查阅。

鹏鹏目
PODICIPEDIFORMES

体形似鸭。

颈细长，直而坚。

翅短，尾羽退化为几根绒羽。

后肢后移，具瓣状蹼，善潜水。

雌雄相似，雏鸟早成。

䴙䴘科 Podicipendidae

小䴙䴘（Pì Tī）（王八鸭子）　Little Grebe；*Tachybaptus ruficollis*

夏季脸部、颈侧和
下喉部栗红色

张瑜·摄

栖息地：湖泊、池塘、河流等有水生境。　　全长：270mm

识别要点	小型游禽，雌雄相似。繁殖期头顶、后颈黑褐色，脸部、颈侧和下喉部栗红色；上体余部暗褐色；下体胸部、两胁和肛周灰褐色，后胸和腹部灰白色。冬羽较暗淡，上体转为灰褐色。嘴黑褐色，尖端白，嘴裂黄；脚为瓣蹼型，青灰色。
生态特征	繁殖期成对活动，冬季会结成小群。游荡在湖泊池塘中，潜水捕捉小鱼虾为食。不善飞行，遇到危险一般贴着水面飞行一小段然后落回水中，或潜入水中进行躲避。繁殖期在水面建造漂浮巢。
分　　布	国内在东北、华北北部、新疆西部为夏候鸟，华北以南地区多为留鸟活动候鸟。国外见于欧亚大陆、非洲、东南亚地区。
最佳观鸟时间及地区	夏季：东北、新疆；全年：除西藏外的大部分地区。

凤头䴙䴘（浪里白，水老呱、水驴子）
Great Crested Grebe；*Podiceps cristatus*

冠羽

陈建中·摄

| 栖息地：江河、湖泊、水库、鱼塘、近海水域等有水生境。 | 全长：500mm |

识别要点	体形较大。繁殖期头顶、后颈黑褐色，头顶具冠羽，头侧具长的棕色领羽，羽端黑色；后颈、背部至腰部为棕褐色；尾短小，黑褐色；翅初级飞羽灰褐色，次级飞羽白色；下体银白色，两胁赤褐色。冬羽上体主要为黑褐色，下体白。嘴暗褐色，基部红色；脚橄榄绿色。
生态特征	单独或结小群活动于河流、湖泊中，潜水捕捉鱼、虾、水生昆虫等为食。繁殖期雌雄鸟会表演炫目的求偶舞蹈，在水面建造漂浮巢。
分　　布	全国范围都有分布，在北方为夏候鸟，华中、西南地区为旅鸟，长江以南地区为冬候鸟。国外见于欧亚大陆、非洲、印度、澳大利亚。
最佳观鸟时间及地区	夏季：新疆、西藏、内蒙古及东北地区；秋、冬、春季：其余大部分地区

角鸊鷉 　　　　　　　Slavonian Grebe；*Podiceps auritus*

非繁殖羽
脸部和前
颈白色

陈建中·摄

栖息地：池塘、湖泊、河流、水库、鱼塘、近海水域。 　　全长：300mm

识别要点	中等体形。繁殖期头黑色，头侧自眼先至枕部橙黄色，并在眼后形成羽簇，如角状；上体黑褐色，下体栗褐色。非繁殖期似黑颈鸊鷉非繁殖羽，但脸部和前颈白色区域较大，嘴不上翘，头额部显得较平。虹膜红色；嘴黑色，端部白；脚黑灰色。
生态特征	似其他鸊鷉。
分　布	国内在新疆西部为夏候鸟，东部地区为旅鸟和冬候鸟。国外见于欧洲、亚洲、北美洲。
最佳观鸟时间及地区	春、秋季：东北、华北沿海；冬季：华东、华南沿海。

鹈形目
PELECANIFORMES

嘴粗壮且呈钩状。
常在嘴下有发达的喉囊。
四趾均向前，具全蹼。
善飞翔，善潜水。
雌雄相同，雏鸟晚成。

鹈鹕科 Pelecanidae

卷羽鹈鹕（Tí Hú）（塘鹅） Dalmatian Pelican；*Pelecanus crispus*

嘴长，污黄色 ——

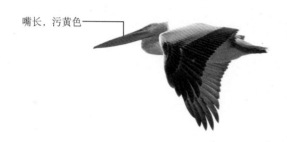

张锡贤·摄

| 栖息地：近海，内陆湖泊、河流、水库等大型开阔水域。 | 全长：170mm |

识别要点	大形游禽，体形壮硕，体羽大部分灰白色，颈背具卷曲的冠羽，初级飞羽羽端黑色。虹膜黄色，眼周裸皮粉红色；嘴长，污黄色，且嘴下具橙色大皮囊；脚全蹼型，褐色。
生态特征	常结大群活动，飞行显得较为笨拙。在沿海水域、河湖中捕食鱼类、虾等，张开大嘴伸入水底将鱼、虾兜入其中，然后抬起头空出水再将食物吞下。繁殖期在树上或芦苇丛中营巢。
分　布	国内在内蒙古为夏候鸟和旅鸟，北方大部分地区为旅鸟，长江以南地区为冬候鸟。
最佳观鸟时间及地区	秋、冬、春季：山东东营、福建闽江口。

鲣鸟科 Sulidae

红脚鲣（Jiān）鸟　　　　Red-footed Booby；*Sula sula*

嘴灰色

飞羽黑色

赵超·摄

栖息地：热带海洋中的岛屿、海岸和海面上。　　　全长：480mm

识别要点	头部鹅黄色，翅飞羽黑色，身体余部白色；也有棕色型个体，除尾羽白色外，身体其他部位烟褐色。嘴灰色，嘴基粉红色，嘴基裸皮蓝色，嘴下裸皮黑色；脚为全蹼足，红色。
生态特征	典型的海洋鸟类，翅长而善于滑翔。常在海面上空集群飞行觅食，俯冲入海中捕捉鱼类、软体动物等。繁殖期在海岛树上集群营巢。
分　　布	国内见于南海，西沙地区，为留鸟。国外见于太平洋、大西洋和印度洋。
最佳观鸟时间及地区	全年：西沙群岛。

鸬鹚科 Phalacrocoracidae

普通鸬鹚（Lú Cí） Great Cormorant；*Phalacrocorax carbo*

裸皮黄色

具金属光泽

文超·摄

栖息地：河流、湖泊、鱼塘、近海水域等湿地生境。　全长：900mm

识别要点	体形较大，雌雄相似。体羽黑色为主，脸颊和喉部白色，繁殖期头部满布白色丝状羽，两胁具白色斑块。嘴长尖端呈勾状，嘴大部黑色，下嘴基裸露部分黄色；脚为全蹼型，黑色。
生态特征	喜结群活动，游荡于开阔水域，潜水捕捉鱼类为食。也见与其他水鸟混群活动。飞行时常排成"一"字或"人"字形的队。繁殖期在水边树上或崖壁上集群筑巢。因其善于捕鱼，常被渔民饲养用作捕鱼。
分　布	全国范围内都有分布，在长江以北的湿地多为夏候鸟或旅鸟，在南方为冬候鸟或留鸟。
最佳观鸟时间及地区	春、夏、秋季：北方地区；全年：南方地区。

鹳形目
CICONIIFORMES

具有嘴长、颈长、腿长的特征。
适于涉水，四趾均发达，且在同一平面。
巢常造在高大树木上。
雌雄相同，雏鸟晚成。

鹭科 Ardeidae

苍鹭（老等，青庄） | Grey Heron；*Ardea cinerea*

黑色辫状羽

上体苍灰色

王吉衣·摄

栖息地：池塘、湖泊、鱼塘、河流、近海水域等有水生境。 | 全长：950mm

识别要点	大型鹭类。头顶、脸侧、颈部白色，侧冠纹黑色，枕部长有两条细长的黑色辫状羽；上体苍灰色，肩部有苍白色丝状羽；翅飞羽和初级覆羽黑色；尾短，灰色；下体在颈前具黑色纵纹，余部白色，胸部披有长的丝状羽。幼鸟羽色较暗淡。嘴、脚黄色。
生态特征	在溪流湖泊生境活动，捕捉鱼虾为食，也会吃鼠、蛇等小动物。常在水边站立不动，注视水中的鱼类，俗称"长脖老等"。单独或集群活动。繁殖期在树上、苇丛中或崖壁上筑巢。
分　布	在我国各地几乎都有分布，在东北地区多为夏候鸟，其他地区为留鸟、活动候鸟。
最佳观鸟时间及地区	春、夏、秋季：华北北部、东北；全年：华北以南。

大白鹭 [白长脚鹭鸶 (Sī), 冬庄, 雪客] Great Egret；*Egretta alba*

嘴裂达眼后

赵超·摄

栖息地：河流、鱼塘、湖泊、近海水域等处都有栖息。 全长：950mm

识别要点	与苍鹭体形相当，但全身洁白，颈部经常成较为生硬的"S"形，繁殖期前颈基部和背部生有丝状羽毛。繁殖期嘴黑色，嘴裂达眼后，脸部裸露皮肤蓝绿色，脚黑色，腿部裸露皮肤肉红色；非繁殖期嘴黄色，腿和脚黑色。
生态特征	与苍鹭相似，站立姿态更显高直，单独或集小群活动，捕食水中的鱼、虾、蛇、蛙、大型昆虫等，繁殖期在树上筑巢。
分 布	在我国各地几乎都有分布，东北、华北北部、新疆北部多为夏候鸟，华南地区为冬候鸟，其他地方多为旅鸟。
最佳观鸟时间及地区	春、夏、秋季：黄河以北；全年：黄河以南地区。

中白鹭（春锄）　Intermediate Egret；*Egretta intermedia*

嘴黄色，端黑

赵超·摄

栖息地：稻田、湖泊河流边滩、沼泽地、红树林、沿海滩涂。　全长：700mm

识别要点	体形在大白鹭和白鹭之间。通体白色，繁殖期胸前和背部有长的丝状羽。嘴黄色，嘴端黑色；脚黑色。
生态特征	活动于稻田、湖泊等湿地，觅食鱼、虾、昆虫、蛙类等，常结群活动。繁殖期在树上集群营巢。
分　布	国内在华北以南地区常见，为夏候鸟，东南沿海有越冬群体。国外见于印度、东南亚、大洋洲、非洲。
最佳观鸟时间及地区	春、夏、秋季：长江以南地区；冬季：华南南部。

| 白鹭（白鹭鸶、黄袜子） | Little Egret：*Egretta garzetta* |

辫状羽

赵超·摄

栖息地：在池塘、湖泊、河流等岸边，沼泽，浅滩等地活动觅食，在林地内集群营巢。　全长：600mm

识别要点	中等体形的涉禽，通体洁白，繁殖期脑后长有两根细长的羽毛，如辫状，胸部和后背具有细长的丝状饰羽。嘴长而尖、黑色；腿和脚长、黑色，趾黄色。
生态特征	活动与河流、池塘等地的浅水中，依靠长腿在浅水中涉水行走，低头觅食水中的鱼虾，食物主要为鱼类、虾类，也吃昆虫等。飞行时多结群，排成"V"字形队前进。繁殖期在树上集群营巢。繁殖期常会与其他鹭类混群在大树上营巢。
分　布	在我国见于河北以南的大面积区域内，在北方为夏候鸟，南方为留鸟或冬候鸟。
最佳观鸟时间及地区	春、夏、秋季：东北以南大部。

胸黑紫色

张瑜·摄

栖息地：稻田、池塘、水库、河流、湖泊等湿地生境。　全长：470mm

识别要点	体形中等，较为粗壮。成鸟繁殖期头颈栗色，颏、喉白色，枕部生有长的辫状羽，胸黑紫色；背蓝黑色，具细的丝状羽；翅、尾和下体白色。非繁殖期头颈土褐色，具深色纵纹，背灰褐色。嘴黄色，嘴端黑色；脚黄色。
生态特征	平时常缩颈站立，守在水边等候猎物出现，捕捉鱼、虾、蛙类、昆虫等，有时也会边走边觅食。单独或成小群活动。繁殖期在大树上集群营巢。
分　布	我国除东北北部、新疆、西藏北部外，各处均有分布，在长江以北地区多为夏候鸟，华南、西南部分地区多为留鸟或冬候鸟。
最佳观鸟时间及地区	春、夏、秋季：东北南部以南地区。全年：华南南部。

鸟类识别　25

夜鹭（黑哇）　Black-crowned Night Heron；*Nycticorax nycticorax*

白色辫状羽

王吉衣·摄

栖息地：鱼塘、沟渠、河流、湖泊等有水生境。　全长：600mm

识别要点	中等体形，较粗壮。成鸟头顶至后颈黑色，具金属光泽，枕部生有2枚长的白色辫状羽；上体背部青黑色，尾短，灰色；下体白色。幼鸟整体褐色具黑褐色纵纹和白色点斑。成鸟虹膜鲜红色，嘴黑，脚肉粉色；幼鸟虹膜黄色，嘴黄色嘴端黑，脚黄色。
生态特征	喜群居，白天多在树上缩着脖子静立休息，黄昏时分开始活跃起来，纷纷飞至鱼塘湖泊等处觅食，主要捕食鱼类，也吃虾、螺、昆虫等。繁殖期在树上集群营巢，育雏期白天也会觅食活动。
分　布	在我国东部和西南大面积地区都有分布，在东北东部，华北北部多为夏候鸟，中部地区为夏候鸟、旅鸟和冬候鸟，华南地区为留鸟。国外分布于美洲、非洲、欧亚大陆。
最佳观鸟时间及地区	春、夏、秋季：东北；全年：华北以南地区。

黄斑苇鳽（小水骆驼）　Chinese Little Bittern；*Xobrychus sinensis*

上体颈背暗棕色

栖息地：稻田、苇塘、多草的鱼池、荷花池等挺水植物茂密的有水生境。　全长：320mm

识别要点	体形小而细长，成鸟顶冠灰黑色，上体颈背暗棕色，背肩部和三级飞羽黄褐色，腰和尾上覆羽石板灰色；翅飞羽和尾羽灰黑色，下体淡黄白色，自喉部到胸部淡黄褐色，颈基至胸侧具浅褐色斑纹，腹和尾下覆羽黄白色。嘴黄绿色，嘴峰暗褐色；脚黄绿色。
生态特征	在水域沼泽草丛中活动，常站立于草茎上不动，低头寻找猎物，主要捕食小鱼、小虾、蛙类、水生昆虫等。遇到危险常竖起头做拟态状。繁殖期在芦苇或香蒲丛中营巢。
分　布	国内见于东北之西南以东地区，为夏候鸟，华南沿海地区为留鸟。国外见于印度、东南亚、新几内亚等地。
最佳观鸟时间及地区	春、夏、秋季：东部大部地区。

鸟类识别　27

| 大麻鳽（水骆驼） | Eurasian Bittern；*Botaurus stellaris* |

密布深褐色斑纹

陈建中·摄

栖息地：苇塘、溪流周围植被较密的生境中。　　　　全长：750mm

识别要点	体形较大且粗壮，头顶和枕部和颊纹黑色，周身黄褐色，密布深褐色斑纹，整体看上去十分斑驳，特征十分明显。嘴和脚黄绿色。
生态特征	性隐蔽，喜藏在芦苇丛中休息，黄昏或傍晚活动觅食，捕食鱼、虾、蛙类、蟹、水生昆虫等。受到惊扰会长时间缩脖站立，嘴上举，有时人走至跟前才会起飞，低飞一小段后又落下。
分　布	在新疆西北部、东北大部、华北北部为夏候鸟，在黄河以南大部分地区为旅鸟或冬候鸟。国外见于欧亚大陆和非洲。
最佳观鸟时间及地区	春、夏、秋季：东北；全年：东北以南地区。

鹳科 Ciconiidae

黑鹳（Guàn）（乌鹳） | Black Stork；*Ciconia nigra*

嘴红色

起·摄

栖息地：沼泽、池塘、湖泊、山区溪流等生境。　　　　全长：1100 mm

识别要点	大型涉禽。通体除下胸和腹部及尾下覆羽白色外，均呈黑色；头顶和颈部闪绿色金属光泽；背、翅上覆羽具绛紫色光泽。嘴、颊部裸露皮肤和脚红色。幼鸟色偏褐。
生态特征	单独或结小群活动，喜在多砾石的溪流中涉水觅食水中的鱼虾，也吃昆虫、蛙类等。繁殖期在树上、峭壁上筑巢。
分　　布	国内在东北、华北北部、西北地区多为夏候鸟，少数为留鸟，在长江以南地区为冬候鸟。国外见于欧亚大陆北部、印度和非洲。
最佳观鸟时间及地区	春、夏、秋季：东北；全年：华北、华中、秋、冬、春季：南方地区。

雁形目
ANSERIFORMES

适于漂游或潜水的游禽。

嘴大，上下嘴宽而扁平，上嘴端具嘴甲，嘴缘有锯齿状缺刻。

头大，颈长。

前三趾具蹼，尾脂腺发达。

雌雄同色或异色，雏鸟早成。

鸭科 Anatidae

大天鹅（咳声天鹅，白鹅） | Whooper Swan；*Cygnus cygnus*

嘴基黄色面积达鼻孔

张锡贤·摄

栖息地：水库、湖泊、河流、苇塘等有水生境。 | 全长：1550mm

识别要点	大型游禽。成鸟通体洁白，嘴先端黑色，嘴基部黄色面积达鼻孔中央位置，脚黑色。亚成鸟羽色较灰，嘴呈暗粉色。
生态特征	活动于各种有水生境，常在水面游泳觅食，也会将头扎入水中取食水底的食物，食物包括多种水生植物的茎、叶、种子等，也会取食鱼、虾、螺类、昆虫等。叫声响亮。繁殖期成对活动，营巢在水边草丛中。迁徙季节结成小群，在越冬地集大群活动。
分　布	在我国东北和新疆北部地区繁殖，越冬于我国中东部地区。在国外见于欧洲和亚洲北部大部分地区。
最佳观鸟时间及地区	夏季：东北北部；春、秋季：北方大部地区；冬季：华中、华东地区。

豆雁（大雁，麦鹅）   Bean Goose；*Anser fabalis*

嘴有一橙
黄色斑

陈建中·摄

栖息地：水库、湖泊、河流、苇塘、农田。	全长：800mm

识别要点	大型的游禽。上体灰褐色或棕褐色，羽缘浅黄白色，尾上覆羽近白色；下体羽从喉部至胸部淡棕色，腹部污白色，两胁具灰褐色横斑。嘴黑色，嘴先有一橙黄色斑，脚橙黄色。
生态特征	常活动于湿地生境中，善游泳，取食植物特别是多种水生植物的茎叶、果实、块根茎等，也会落在农田中啄食作物种子、嫩苗等。飞行时常排成"一"字或"人"字队形，边飞边叫。越冬时常结大群活动，繁殖期成对活动，筑巢在水边草丛中。
分　布	在我国繁殖于东北北部，在新疆、东北南部、华北、长江中下游地区为旅鸟和冬候鸟。国外见于欧洲和亚洲大部分地区。
最佳观鸟时间及地区	春、秋季：东北、华北；冬季：南方地区。

小白额雁（弱雁）　Lesser White-fronted Goose；*Anser erythropus*

嘴基白斑延伸
至头顶

沈越·摄

| 栖息地：湖泊、河流、农田、苇塘等。 | 全长：620mm |

识别要点	中等体形的雁类。头颈、上体以灰褐色为主，羽缘浅褐色；翅飞羽深褐色；下体灰色，两胁具黑色横斑；下腹、尾下覆羽近白色。嘴粉红色，嘴基有白斑，向上延伸至头顶端，超过眼睛的位置；脚橘黄色。
生态特征	常集群活动，具有雁类的一般习性。有时会与其他雁类混群活动。
分　　布	国内主要见于东部地区，在长江以北地区多为旅鸟，在长江中下游地区为冬候鸟。国外见于欧亚大陆北端，越冬在中东地区。
最佳观鸟时间及地区	冬季：湖南岳阳洞庭湖。

白色头上有两道黑斑

赵超·摄

栖息地：高原湖泊。 全长：700mm

识别要点	体形较大，头颈白色，头后具两道黑色斑纹，后颈黑色；上体灰色，羽缘色浅；前颈棕黑色至胸部颜色逐渐减淡，胸腹灰色，两胁具褐色横斑，下腹和尾下覆羽白色。嘴黄色尖端黑色，脚橙黄色。
生态特征	主要在高原湿地生活，取食植物种子、茎、叶，能适应在碱性较高的内陆湖泊中生活。
分　布	我国东北西北部地区，青海、西藏、四川、贵州等高原地区。国外见于亚洲中部、印度北部和缅甸等地。
最佳观鸟时间及地区	夏季：青海青海湖；冬季：贵州威宁草海、云南丽江拉市海。

赤麻鸭[黄鸭, 黄凫 (Fú), 红雁] Ruddy Shelduck; *Tadorna ferruginea*

周身赤黄

张永·摄

栖息地: 内陆湖泊、高原湖泊、河流、水库等地。　　　全长: 630mm

识别要点	大型鸭类。周身以赤黄色为主, 脸部色较淡, 一些个体脸部几接近白色, 翅和尾黑色, 翼镜为铜绿色, 翅上覆羽和翅下覆羽白色。雄鸟繁殖期在颈部有一黑色环。嘴和脚黑色。
生态特征	常结大群活动, 在水面或农田中取食植物种子、嫩芽等, 也吃水生昆虫、软体动物、鱼、虾等。飞行时常拍成横排或直列, 叫声粗犷。
分　布	在我国东北、西北和西南地区繁殖, 迁徙是经过全国大部分地区, 在东部地区和东南地区越冬。国外见于欧洲东南部和印度中亚地区。
最佳观鸟时间及地区	夏季: 东北北部; 全年: 东北以南大部地区。

鸳鸯（匹鸟，官鸭）　Mandarin Duck；*Aix galericulata*

橙色帆状羽

张玮 摄

栖息地：山涧湖泊水塘、平原地区的近林地水域。迁徙季节也见于一些大型水面。在一些城市园林中也有分布。　全长：400mm

识别要点	非常漂亮的小型游禽。雄鸟色彩丰富，头部冠羽色深，闪金属光泽，眼上宽阔的白色眉纹延伸至脑后，脸部和颈侧具栗黄色条状羽，上背暗褐色，三级飞羽橙黄色帆状竖立非常醒目，尾羽暗褐色；胸侧黑色具两条白色条纹，两胁栗黄色，前胸和腹部及尾下覆羽白色；嘴呈红色，嘴端肉色，脚橙黄色。雌鸟羽色暗淡，上体灰褐色，胸部及两胁灰褐色具近白色羽缘，腹部和尾下覆羽白色，嘴灰色，脚近黄色。
生态特征	常活动于林间的水塘中，善于游泳，取食多种植物、昆虫、软体动物、鱼、虾等。除繁殖季节多集群活动，繁殖季节常见成对活动，筑巢于树洞中。
分　布	国内在东北、华北北部地区繁殖，迁徙经过东部大部分地区。在我国南方越冬。近年来发现的分布地区有所扩大，在如北京等的城市园林中亦见有繁殖，在以往记录的冬候地区也陆续有繁殖新记录。国外见于俄罗斯东部、朝鲜、日本。
最佳观鸟时间及地区	夏季：东北；全年：东北以南地区。

绿翅鸭（小凫，小水鸭，小麻鸭）　Green-winged Teal; *Anas crecca*

绿色斑带围有
污白色窄纹

赵超·摄

栖息地：池塘、湖泊、河流、水库等有水生境。 全长：370mm

识别要点	小型鸭类。雄鸟头颈部栗色，眼周至脑后有一条宽的绿色斑带并围有污白色窄纹；上体肩背部灰色具深色细小的蠹状斑，肩部有一细长的白色纵纹，翼镜亮绿色；腰、尾上覆羽和尾羽暗褐色；胸部皮黄色杂以黑色小圆斑点，两胁灰色具细小的蠹状斑；尾下覆羽黑色，两侧各具一较大的黄色三角形斑块；嘴黑色，脚棕黄色。雌鸟暗褐色，具深色斑纹，嘴深灰色，嘴缘土黄色。
生态特征	常见活动于各种开阔水域，取食水生植物、鱼、虾、水生昆虫等，飞行时振翅极快。繁殖期营巢在草丛中地面上。
分　布	在我国东北和新疆西部地区繁殖，在其他大部分地区都有分布，多为旅鸟和冬候鸟。见于整个欧亚大陆和北美洲。
最佳观鸟时间及地区	夏季：东北北部；秋、冬、春季：东北以南地区。

绿头鸭（大绿头，大红腿鸭，大麻鸭） Mallard；*Anas platyrhynchos*

绿头

赵超·摄

栖息地：湖泊、水库、河流、池塘、近海水域等有水生境。　全长：580mm

识别要点	大型野鸭。雄鸟：头颈绿色具金属光泽，颈部具一白环，胸部栗褐色。上体肩背部黑褐色，下体灰白色，中央尾羽黑色，上卷成勾状。嘴黄色，脚橙红色。雌鸟：上体黑褐色，羽缘色浅，下体浅棕色，缀以褐色斑。嘴中央褐色，嘴缘橙色，脚橙红色。
生态特征	常见大群在水面觅食、游泳或休息，在水中活动以凫水为主，少潜水。杂食性，常取食水生植物，也吃螺、虾和昆虫等。多在水面取食或将头颈扎入浅水中取食水底的食物。营巢于水边的草丛中。为我国家鸭祖先之一。
分　布	全国范围都有分布，在我国北方繁殖，于南方越冬。在全球广布于北半球大部分地区。
最佳观鸟时间及地区	春、夏、秋季：东北、新疆；全年：余部。

斑嘴鸭（夏凫，谷鸭，麻鸭） Spot-billed Duck；*Anas poecilorhyncha*

黄色斑块

张锡贤·摄

栖息地：湖泊、水库、河流、池塘、水田。 全长：580mm

识别要点	大型野鸭。体羽大部分棕褐色，羽缘色浅，头顶色重，棕白色眉纹和黑褐色贯眼纹对比鲜明，三级飞羽白色，尾羽黑褐色，羽缘色浅。嘴黑色，嘴端有一黄色斑块。
生态特征	常结群在各种有水生境活动觅食。食物包括多种水生植物，也吃螺、虾和昆虫等。多在水面取食或将头颈扎入浅水中取食水底的食物。营巢于水边的草丛中。为我国家鸭祖先之一。
分　布	国内除西北部地区外广布于各地，在东北、华北地区繁殖，少量冬候，华北以南大部分地区为冬候鸟。国外还见于印度及东南亚地区。
最佳观鸟时间及地区	春、夏、秋季：东北；全年：全国除新疆、东北地区。

琵嘴鸭（广朱凫，琵琶嘴鸭，铲土鸭，杯凿）
Northern Shoveler; *Anas clypeata*

黑色扁铲状嘴

赵超·摄

栖息地：沼泽、湖泊、河流、水库、近海湿地等有水生境。　全长：500mm

识别要点	大型鸭类。雄鸟头颈近黑色，闪蓝绿色金属光泽，胸白色，上体黑褐色具白色条纹，尾上覆羽金属绿色，中央尾羽暗褐色，羽缘白色，外侧尾羽白色，具褐色斑纹；下体腹部和两胁栗色，尾下覆羽黑色。雌鸟褐色，满布深色斑纹。嘴大而形状特殊，呈扁铲状，雄鸟嘴黑色，脚橙黄色。雌鸟嘴黄褐色，嘴缘橙黄色。
生态特征	常见与其他种类的野鸭混群活动。利用铲形的嘴挖掘湿地泥土寻找食物，取食水生植物、软体动物、鱼、虾等。繁殖季节营巢于芦苇丛中地面上。
分　布	在我国东北北部和新疆西部地区繁殖，长江以北大部分地区为旅鸟，长江中下游及南部地区为冬候鸟。见于欧洲、亚洲和北美洲的大部分地区。
最佳观鸟时间及地区	春、夏、秋季：东北北部；秋、冬、春季：余部。

赤嘴潜鸭（大红头）　　Red-crested Pochard；*Netta rufina*

头棕红色

嘴红色

赵超·摄

栖息地：低地至高原的池塘、沼泽等生境。　全长：550mm

识别要点	体形大的潜鸭。雄鸟头、前颈棕红色；后颈、胸和上腹棕黑色；背部、翅上覆羽灰褐色，翅外侧飞羽褐色，内侧飞羽大部白色；尾上覆羽和尾下覆羽黑色，尾羽灰褐色，羽缘近白色；两胁下部白色，在体侧形成两块大的白斑。嘴和脚红色。雌鸟羽色暗淡，体羽以褐色为主，脸下、喉和颈部灰白色。
生态特征	结群活动，也会与其他野鸭混群。常潜入水中觅食藻类、鱼、虾等。繁殖期在芦苇丛中筑巢。
分　布	国内在新疆、内蒙古乌梁素海繁殖，在四川南部、贵州、云南等地为旅鸟或冬候鸟。国外见于东欧和西亚。
最佳观鸟时间及地区	春、夏、秋季：新疆；秋、冬、春季：西南地区。

头颈栗红色————→

赵超·摄

栖息地：沼泽、湖泊、河流、水库、近海湿地等有水生境。 全长：450mm

识别要点	体形较短圆，雄鸟头颈栗红色，胸部黑褐色，上体背部浅灰色，具细小的深色蠹状斑，腰和尾上覆羽黑色，尾羽灰褐色；下体灰白色，尾下覆羽黑色，嘴铅灰色，嘴基和尖端黑色，脚铅灰色。雌鸟头颈和胸部棕褐色，颏喉棕白色，眼周皮黄色，身体以灰褐色为主，嘴黑色。
生态特征	常结群在水中游泳觅食，善于潜水，常潜到水下寻找食物，取食多种植物、水生昆虫、鱼、虾等。繁殖期筑巢在芦苇丛中，是常见的潜鸭种类。
分　布	在我国东北地区和新疆北部繁殖，长江以北地区大部分为旅鸟和冬候鸟，在长江以南地区主要为冬候鸟。
最佳观鸟时间及地区	春、秋季：东北；秋、冬、春季：全国大部。

凤头潜鸭（泽凫，凤头鸭子）　Tufted Duck；*Aythya fuligula*

黑色冠羽

陈建中·摄

栖息地：沼泽、湖泊、河流、水库、近海湿地等有水生境。　全长：420mm

识别要点	雄鸟黑白两色，除腹部和两胁白色外，余部黑色。头枕部具凤头，脸部闪紫色金属光泽；翅上覆羽颜色稍淡，外侧飞羽黑色，内侧飞羽白色羽端黑色。雌鸟褐色，凤头较短，两胁褐色，羽缘浅褐。嘴和脚灰色。
生态特征	似其他潜鸭。
分　布	全国可见，在东北北部繁殖，长江以南地区越冬，其余地区多为旅鸟。国外见于欧亚大陆北部。
最佳观鸟时间及地区	夏季：东北北部；秋、冬、春季：全国大部。

斑头秋沙鸭（花头锯嘴鸭，鱼鸭，狗头钻，小秋沙鸭）

Smew; *Mergellus albellus*

眼周黑色 —— 具冠羽

陈建中·摄

栖息地：湖泊、河流、大型鱼塘、水库、近海水域。　全长：400mm

识别要点	体形较小的秋沙鸭。雄鸟黑白两色，对比鲜明，头部具羽冠，易于辨认。雌鸟头顶栗褐色，眼周、脸部近黑，上体黑褐色，肩部偏灰；下体颏喉部白色，两胁土褐色。嘴近黑色；脚灰色。
生态特征	常活动于较大型的水域，多结群活动，也会与其他水鸟混群。潜水捕食各种鱼、虾。繁殖期在树洞中营巢。
分　布	国内在内蒙古东北部繁殖，东北大部、华北、新疆西部、华中、长江以南地区为旅鸟和冬候鸟。国外见于欧亚大陆北部、印度北部等地。
最佳观鸟时间及地区	秋、冬、春季：除海南外各地。

普通秋沙鸭（大锯嘴鸭子，拉他鸭子，鱼钻子）
Common Merganser；*Mergus merganser*

头颈具绿色
金属光泽

张永·摄

栖息地：湖泊、河流、大型鱼塘、水库、近海水域。　　全长：680mm

识别要点	大型的鸭类。雄鸟头颈黑色，具绿色金属光泽，枕部具短的冠羽，下颈白色；上被黑褐色，下背及尾上覆羽灰色，尾羽灰褐色；下体羽白色。雌鸟头颈棕褐色，颏喉部白色，上体灰褐色，两胁具灰色蠹状纹，腹部白色。嘴红色，细长尖端有小钩，嘴端黑色，脚橙红色。
生态特征	常活动于较大型的水域，多结群活动。潜水捕食各种鱼、虾。
分　布	在我国东北北部，新疆西北部，西南高原湖泊生境繁殖，长江以北大部分地区为旅鸟和冬候鸟，在长江以南地区为冬候鸟。国外见于北半球的其他地区。
最佳观鸟时间及地区	秋、冬、春季：全国大部。

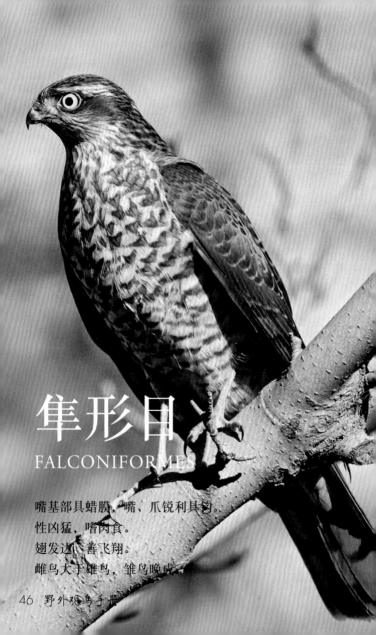

隼形目

FALCONIFORMES

嘴基部具蜡膜，嘴、爪锐利具钩。
性凶猛，嗜肉食。
翅发达，善飞翔。
雌鸟大于雄鸟，雏鸟晚成。

鹰科 Accipitridae

凤头蜂鹰 | Oriental Honey Buzzard; *Pernis ptilorhynchus*

尾端具宽黑带

沈越·摄

栖息地：分布生境十分广泛，山区丘陵林地、平原村落、耕地、草原等地都有栖息。

全长：580mm

识别要点	体形中等偏大的猛禽，特别是翅膀长而宽大。羽色类型多样，从黑白两色到黑棕白多色相间都有，和其他猛禽相比头占身子比例小而颈较长，飞行时尤为显著，头部具不十分明显的凤头，眼先羽毛呈细小鳞片状；各种色型的个体在喉部的颜色都较浅，飞行时翅尖分叉、色深，翅下、腹部和尾部都具有深浅相间的横条纹。嘴铅灰色，浅勾状，较其他猛禽嘴显得相对较小，脚黄色。
生态特征	凤头蜂鹰的习性较为特别，主要捕捉蜂类，并喜欢取食蜂蜡、蜂蜜等，偶尔也捕捉其他昆虫。繁殖期筑巢于高大树木顶端或占用其他猛禽的旧巢。飞行时翅膀伸直，尾羽打开，类似于鸳。
分　布	在我国东北部和东部、四川南部、云贵地区为繁殖鸟，中部和东部大部分地区为旅鸟，在海南、台湾有冬候个体。国外见于欧亚大陆东部和东南亚地区。
最佳观鸟时间及地区	春、秋季：大连老铁山、河北秦皇岛、北京西山、山东长岛。

蜡膜黄色————

陈建中·摄

栖息地：栖息于山区、平原、村落的开阔生境中。　　全长：300mm

识别要点	小型猛禽。头顶、后颈及上体大部分区域为淡蓝灰色，眼上周黑色；肩部和初级飞羽黑色；脸、前颈、尾羽和下体白色。眼睛虹膜红色，十分醒目；嘴黑色，蜡膜黄色；脚黄色。
生态特征	喜在空旷地上空寻找地面上的食物，经常飞行一段然后在空中某位置振翅悬停，低头寻找猎物。平时常立于空旷地的电线杆上或枯树枝上等较高处。捕食鼠类、小鸟、大型昆虫等。筑巢于高树上。
分　布	国内见于河北以南的大部分地区，多为留鸟。国外见于非洲、欧亚大陆南部，印度及东南亚地区。
最佳观鸟时间及地区	全年：华南地区。

黑鸢（鹰，老鹰）   Black Kite；*Elanus caeruleus*

叉状尾飞行
时平齐状

赵超·摄

栖息地：山区林地、丘陵、平原、村落耕地附近等生境都可见到。	全长：650mm

识别要点	体形较大的猛禽。周身褐色具深色纵纹。飞行时初级飞羽张开呈明显的"指"状，翅下初级飞羽基部具浅色斑块，停落时尾羽呈叉状，容易辨认。嘴和脚灰色。
生态特征	较为常见的猛禽，飞行时长时间展翅盘旋，捕食鼠类、小鸟、蛙等小动物。也常会寻食腐肉。繁殖期多在高大乔木顶端或悬崖上筑巢。
分　布	几乎全国分布，在东北北部为夏候鸟，其他地方多为留鸟和旅鸟。国外见于亚洲北部、东至日本范围内的广大地区。
最佳观鸟时间及地区	春、秋季：大连老铁山、河北秦皇岛、北京野鸭湖、天津北大港、山东长岛。

高山兀鹫（Jiù）　　Himalayan Griffon；*Gyps himalayensis*

头显裸露

栖息地：高海拔的山区。　　全长：1200mm

赵超·摄

识别要点	大型猛禽。羽色以土黄色为主。头颈部略被白色绒毛，显得较秃，领羽松弛、皮黄色；肩、背、翅上覆羽土黄色，飞羽、尾羽黑褐色；下体浅土黄色，具污白色纵纹。嘴和脚肉灰色。
生态特征	通常在高空翱翔盘旋，寻找地面动物尸体。多集小群活动，食物以腐肉为主，特别是一些大型哺乳动物的尸体，常会吸引来数只高山兀鹫前来取食。在我国西藏地区，藏民实行天葬喂的就是这种猛禽。
分　　布	在我国分布于新疆西部、西藏、青海、四川西部、甘肃、云南等地。也见于中亚和喜马拉雅山脉其他地区。在各地均为留鸟。
最佳观鸟时间及地区	全年：西藏。

白色横带

沈越·摄

栖息地: 低地至较高海拔的山区林地。　　全长: 500mm

识别要点	中等体形的猛禽。头顶具黑白相间的短冠羽; 上体灰褐色, 下体褐色, 腹部和两胁及臀具白色斑点; 翅膀飞羽黑白相间, 飞行时展开翅膀形成特征明显的条纹; 尾羽白色, 具两道宽阔的黑色横斑。嘴灰褐色, 脚黄色。
生态特征	常盘旋于林地上空, 边飞边叫, 叫声尖厉响亮。也会站立在树枝上或电线杆上注视地面寻找猎物, 不仅吃蛇类, 还吃其他小动物。
分　布	国内见于长江以南大部分地区, 为留鸟。国外见于印度和东南亚地区。
最佳观鸟时间及地区	全年: 南方地区。

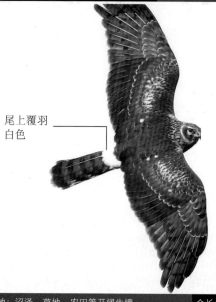

尾上覆羽
白色

张永·摄

栖息地：沼泽、草地、农田等开阔生境。	全长：500mm　雄鸟稍小

识别要点	中型猛禽。翅膀和尾都很长且宽，使其看上去体形比实际要大一些。雄性成鸟前额几枚前额灰白色，头、颈、上体和前胸蓝灰色，初级飞羽前几枚前半段为黑色，飞行时与灰白色的身体形成鲜明对比。尾上覆羽白色，中央尾羽蓝灰色，外侧尾羽白色，杂以灰色横斑。雌鸟上体暗褐色，下体黄褐色，杂以棕色纵纹，尾上覆羽白色。眼睛虹膜黄色，嘴基部蓝灰色，尖端黑色，脚黄色，爪黑。
生态特征	多在开阔地低飞活动，飞行时翅膀扇动较慢，滑翔时两翅略成 "V" 字形上举，喜在湿地芦苇丛上空低飞盘旋，低头寻找下面的猎物。主要捕食鼠类，也吃小鸟、大型昆虫等。繁殖期筑巢在草丛地面上。
分　布	在国内大部分地区都有分布，在东北和新疆北部多为夏候鸟，向南至长江流域以上地区多为旅鸟和冬候鸟，在长江以南多为冬候鸟。国外见于北美洲、欧亚大陆、非洲北部地区。
最佳观鸟时间及地区	春、秋季：大连老铁山、河北秦皇岛、北京野鸭湖、天津北大港、山东长岛。

头黑色

陈建中·摄

栖息地: 开阔沼泽、草地、农田、苇塘。 | 全长: 480 mm, 雄鸟稍小(雄)

识别要点	雄鸟黑白相间, 头、胸、背黑色, 腰和尾上覆羽白色, 具灰色斑纹; 尾羽灰色, 具白端; 翅外侧初级飞羽黑色, 内侧飞羽银灰色, 下体白色; 雌鸟上体灰褐色, 尾羽灰色, 具褐色横斑, 下体偏白, 具褐色纵纹。虹膜金黄色, 嘴青灰色, 嘴尖黑, 蜡膜黄色; 脚黄色。
生态特征	常在开阔农田、沼泽地区低空飞行寻找猎物, 捕食鼠类、蛇、蛙、蜥蜴等小动物, 繁殖期在沼泽灌丛地面上营巢。
分 布	国内在东北北部为夏候鸟, 东北南部、华北、华中、华东大部分地区为旅鸟, 在长江以南地区为冬候鸟。国外见于东北亚, 越冬在东南亚地区。
最佳观鸟时间及地区	春、秋季: 大连老铁山、河北秦皇岛、北京野鸭湖、天津北大港、山东长岛。

日本松雀鹰 [松子（雄），摆胸（雌）]

Japanese Sparrow Hawk；*Accipiter gularis*

胁、胸、腹
缀以棕红色
横斑

舒晓南·摄

栖息地：山区林地、丘陵地带、农田林缘、城市园林等都生境有栖息。

全长：雄鸟250mm，雌鸟300mm

识别要点	体形小巧。雄鸟自头顶至尾上覆羽都为黑灰色，后颈羽基部白色；脸部浅灰色；两翅飞羽暗褐色具褐色横斑；尾羽灰褐色，具4道宽阔的深色横斑；喉部中央具细纹，下体近白色，两胁、胸、腹部棕红色或缀以稠密的棕红色细横斑。雌鸟上体较雄鸟偏褐，喉部纵纹较粗，下体羽白色，具较密的暗褐色横斑。虹膜暗红色；嘴铅灰色，嘴端黑，蜡膜黄色；脚橘黄色。
生态特征	典型的林栖猛禽，在密林中穿梭飞行振翅快速，捕捉小鸟，动作十分敏捷灵巧。也捕捉鼠类、蜥蜴和大型昆虫等。繁殖期营巢于高大乔木顶端。
分　布	在我国华北北部和东北地区为夏候鸟，长江以北的东部地区多为旅鸟，长江以南大面积范围内为冬候鸟。国外繁殖于东北亚地区，在东南亚一带有越冬。
最佳观鸟时间及地区	春、秋季：大连老铁山、河北秦皇岛、北京西山、天津、山东长岛。

雀鹰 [细胸(雄), 鹞子(雌)] Eurasian Sparrow Hawk; *Accipiter nisus*

下体白色, 满布棕色细横纹

舒晓南·摄

栖息地: 山区林地、丘陵、林缘、平原村落、果园、市区园林等有树生境。

全长: 雄鸟320mm, 雌鸟380mm

识别要点	雄鸟成鸟头顶至后颈部暗灰色, 具白色眉纹, 后颈羽基部白色, 常显露在外; 上体青灰色; 尾羽长, 灰褐色, 具较宽的暗褐色横斑; 两翅短而圆, 青褐色密布深色横斑; 脸颊显棕色; 下体白色, 满布棕色细横纹。雌鸟整体较雄鸟偏褐色。眼睛虹膜橙黄色; 嘴铅灰色, 嘴端黑色; 脚趾细长, 黄色, 爪黑。
生态特征	多在林地及林缘上空飞行, 狩猎时常先静立藏于树木枝杈间, 寻觅猎物, 发现猎物后飞出猛追, 主要捕食各种小型鸟类、鼠类等。繁殖期在高大树木顶端筑巢。
分 布	几乎全国都有分布, 在东北、华北、西北和西南部分地区为夏候鸟或留鸟, 华北以南大片地区为冬候鸟。国外见于整个欧亚大陆和非洲的部分地区。
最佳观鸟时间及地区	春、秋季: 大连老铁山、河北秦皇岛、北京西山、天津、山东长岛。

苍鹰 [鸡鹰（雄），大鹰（雌）] Northern Goshawk; *Accipiter gentilis*

舒晓南 摄

栖息地：主要栖息于林地生境，较偏好栖息在针叶林、针阔混交林中，迁徙时山麓丘陵、平原村落附近林缘地带都可见到。　全长：雌鸟560mm，雄鸟500mm

识别要点	中型猛禽。雄鸟头顶暗灰，眼上具白色眉纹，贯眼纹宽阔呈黑色，向后延至脑后；上体和翅上都呈青灰色，飞羽灰褐色具深色横斑；尾羽灰褐色具宽阔的黑褐色横斑；下体白色，密布细的灰色横纹。雌鸟与雄鸟相似，但羽色较暗淡。虹膜橙黄色（幼鸟）至红色（成鸟）；嘴铅灰色，嘴端黑色，蜡膜黄绿色；脚黄色，爪黑。
生态特征	活动于林地中，飞行迅速，常做短距离飞行追击猎物，主要捕捉中型鸟类和小型兽类为食。繁殖期在高大树木顶端筑巢。
分　布	在我国东北和新疆北部地区繁殖，迁徙时经过东部大部分地区，在长江流域以南地区越冬。国外见于欧亚大陆、北美洲和非洲北部。
最佳观鸟时间及地区	春、秋季：大连老铁山、河北秦皇岛、北京西山、山东长岛。

普通鵟（Kuáng）（花豹）　Common Buzzard；*Buteo buteo*

赵超·摄

栖息地：草原、农田、山地、林缘地带，也见于城市上空。

全长：雌鸟540mm，雄鸟稍小

识别要点	中等偏大体形的猛禽。羽色多样，从通体黑褐色到非常淡的浅褐色个体都有，且有多种中间过渡色型的个体，通常以棕褐色居多。翅下初级飞羽基部具深色斑块，飞行时尤为明显。下体深色区域位于胸部，脚部无被羽。
生态特征	善于在空中翱翔，较少扇翅飞行，起飞不久即可展翅借住热气流盘旋上升，翱翔时尾羽多打开呈扇形。喜捕食鼠类，也吃小鸟、大型昆虫和其他小动物。停落时常站在较高的树枝上或电线杆等突出处，偶尔也停落在地面上。繁殖期筑巢于树顶或悬崖之上。
分　布	全国范围都有分布，在我国东北地区繁殖，其他大部分地区为旅鸟或冬候鸟。在世界范围内广泛分布于欧亚大陆和非洲北部。
最佳观鸟时间及地区	秋、冬、春季：全国。

大鵟（大花豹）   Upland Buzzard；*Buteo hemilasius*

赵超·摄

栖息地：多栖息于草原地区的山地生境中，喜开阔环境。迁徙和越冬期也常见于农田上空、村落附近。

全长：雌鸟700mm，雄鸟600mm

识别要点	与普通鵟相似，但体形要大很多，头与身子的比例显得较小，翅显得更长，翅上初级飞羽基部具大的白色斑块；下体深色区域通常位于腿部位置，且在腹前不相连，一些个体在脚部被毛。
生态特征	常见在空中展翅翱翔，或立于高树枯枝或电线杆等突出物上，有时也会蹲在地面较高的土丘上，寻觅猎物，一旦发现目标便俯冲而下追击。主要捕食鼠类，也吃鸟类、野兔、蟾蜍、蛇、大型昆虫等。繁殖期在峭壁高处筑巢。
分　布	在我国东北、华北北部、青藏高原多为夏候鸟或留鸟；在华北至长江流域以北大部分地区和西南部分地区为冬候鸟；在华南地区为较罕见的冬候鸟。国外见于亚洲中部、东抵西伯利亚东部的广大地区。
最佳观鸟时间及地区	秋、冬、春季：北方大部分地区、西藏、青海。

金鹏 [（洁白雕（幼鸟）]   Golden Eagle; *Aquila chrysaetos*

头顶，后颈
金黄色

赵超·摄

栖息地：山区、丘陵地带较为开阔的林地、林缘、荒坡，高山草原。

全长：850mm，雄鸟稍小

识别要点	大型猛禽，成鸟通体深褐色，枕部和后颈羽毛呈矛状，金黄色。亚成鸟尾羽基部和初级飞羽基部白色，飞行时尤为明显。虹膜褐色；嘴黑褐色，基部青灰色；脚黄色。
生态特征	活动于山区、丘陵地带，常展翅在空中翱翔，搜索地面猎物，飞行快速。捕食大中型鸟类、小型兽类等。繁殖期在悬崖峭壁上筑巢。
分　布	国内东北、华北、华中、西北、青藏高原、西南山区都有分布，为留鸟。国外见于北美洲、欧洲、北非、亚洲中北部。
最佳观鸟时间及地区	全年：大部分地区。

隼科 Falconidae

红隼（Sǔn）（黄箭子，剎子） | Common Kestrel; *Falco tinnunculus*

密布黑色横斑

陈建中·摄

栖息地：较开阔的农田、草地、半荒漠地区，村落附近、城市中也可见到。

全长：雌鸟330mm，雄鸟稍小(雌)

识别要点	雄鸟头颈部蓝灰色，上体红褐色而具黑色横斑，尾羽较其他隼类显得长，青灰色具黑色次端斑；下体皮黄色具黑色纵纹。雌鸟上体褐色，密布黑褐色横斑，下体棕黄具褐色纵纹。虹膜褐色；嘴灰色，嘴端黑，蜡膜黄色；脚黄色。
生态特征	飞行时常在空中定点悬停，低头寻找猎物，主要捕食鼠类，也吃小鸟、大型昆虫、蜥蜴、小蛇等。不甚畏人，在村落周围、市区也可以见到，甚至会在高楼顶上筑巢繁殖。繁殖期一般都是利用喜鹊、乌鸦等的旧巢。
分　布	全国都有分布，在东北、新疆北部多为夏候鸟，在其他地区为留鸟或旅鸟。国外见于欧亚大陆北部、印度、东南亚、非洲。
最佳观鸟时间及地区	春、秋季：大连老铁山、河北秦皇岛、北京野鸭湖、天津北大港、山东长岛；全年：全国大部。

红脚隼（青箭子，蚂蚱鹰）

Eastern Red-footed Falcon；*Falco amurensis*

脚红色

陈建中·摄

栖息地：开阔的草原、半荒漠地区、农田、低山丘陵。

全长：雌鸟290mm，雄鸟稍小(雌)

识别要点	小型猛禽。具隼科特征：上嘴具齿突，翅呈尖形。雄鸟头、颈、背部暗灰色，腰至尾羽青灰色；翅飞羽表面大部青灰色，羽端黑褐色，翅下覆羽白色，飞行时非常明显；下体上腹部青灰色，腿羽、肛周至尾下覆羽棕红色。雌鸟上体青褐色且具黑色细纵纹和横斑，下体皮黄色具黑褐色横斑。嘴灰色，蜡膜红色；脚红色，爪淡黄色。
生态特征	单独或成对活动，秋季迁徙时常以家族群活动。在较为开阔的草场、荒漠地区捕捉大型昆虫、小鸟等，飞行振翅迅速，偶尔也会在空中振翅悬停。停歇时喜落在较高的树枝上或电线上等突出处，边低头寻找猎物。繁殖期常占用喜鹊等鸟的旧巢，稍加修饰便利用。
分　布	国内在东北、华北地区为夏候鸟和旅鸟，华北以南地区为旅鸟。国外见于西伯利亚、印度、缅甸、非洲。
最佳观鸟时间及地区	夏季：内蒙古、东北；春、秋季：除新疆西藏外大部分地区。

具髭纹和眼后有黑色竖纹

陈建中·摄

栖息地：平原和低山区的开阔地、林缘、村落附近。 全长：雌鸟310mm，雄鸟稍小

识别要点	体形较为细瘦，翅长，合拢时达到或超过尾尖。头部黑褐色，髭纹粗，眼后耳区也有一条黑色竖纹；上体暗褐色，尾羽褐色，具深色横斑。下体颏喉部白色，胸腹棕白色具黑褐色纵纹，肛周、尾下覆羽锈红色。雌鸟似雄鸟，个体稍大，羽色较暗淡。
生态特征	单独或成对活动，在开阔旷野、农田或草场、林缘附近活动，飞行快速，常在空中捕食飞行的昆虫，也捕食飞鸟、蝙蝠等。繁殖期常占用喜鹊、乌鸦等的旧巢。
分　布	国内大部分地区都有分布，大部分为夏候鸟和旅鸟，在华南沿海地区为留鸟。国外见于欧亚大陆北部、非洲、缅甸等地。
最佳观鸟时间及地区	春、秋季：大连老铁山、河北秦皇岛、北京西山、山东长岛。

猎隼 [棒子（雄），兔虎（雌）]　　Saker Falcon；*Falco cherrug*

赵超·摄

栖息地：山区开阔地区、河谷、荒漠灌丛、丘陵，迁徙时也经过平原地区，城市上空。

全长：雌鸟550mm，雄鸟稍小

识别要点	大形隼，体形粗壮，雌雄相似。成鸟上体灰褐色，羽缘浅灰，具浅褐色斑纹和深色羽干纹；头部色较淡，髭纹较窄，额、眉纹污白色；下体污白色，具褐色滴状或矢状斑。嘴灰蓝色，尖端近黑；脚黄色。
生态特征	单独或成对活动，飞行迅速有力，在开阔地追捕小鸟、鼠类等为食。繁殖期在山区崖壁上、石缝间营巢。
分　布	国内在新疆、青海、西藏、四川、甘肃、内蒙古为夏候鸟和旅鸟；在东北南部和华北地区为旅鸟和冬候鸟。国外见于中欧、北非、印度北部、中亚、蒙古。
最佳观鸟时间及地区	秋、冬、春季：东部地区；春、夏、秋季：西藏、青海、甘肃。

鸟类识别 63

游隼[鸽虎（雄），鸭虎（雌）]　Peregrine Falcon；*Falco peregrinus*

黑色髭纹

舒晓南·摄

| 栖息地：开阔沼泽、海岸、内地河湖湿地附近。 | | 全长：雌鸟450mm，雄鸟稍小 |

识别要点	体形较大且粗壮的隼类。雄鸟头顶、脸颊近黑色，黑色髭纹明显；上体肩背灰蓝色，具黑褐色羽干纹和暗黑色横斑，尾羽蓝灰色，具黑褐色横斑；翅飞羽黑褐色，内缘杂有灰白色横斑，羽端色淡；下体喉胸部浅粉棕色，缀有黑色点斑和横纹，腹部以下污白色，具黑色横纹。雌鸟似雄鸟，体形稍大。嘴铅灰色，蜡膜黄；脚黄色。
生态特征	常成对活动，飞行十分迅速，俯冲速度为鸟类中最快的。一般都在空中追击捕捉其他鸟类，包括野鸭、鸻鹬类、鸽子等，偶尔也吃鼠类。繁殖期在悬崖峭壁上营巢。
分　布	除青海西藏外几乎遍及全国，北方多为旅鸟和夏候鸟，长江以南地区为冬候鸟和留鸟。国外见于各大洲。
最佳观鸟时间及地区	春、秋季：大连老铁山、河北秦皇岛、北京西山、天津北大连、山东长岛。

鸡形目
GALLIFORMES

体形似家鸡或鹑。
嘴强健，呈弓形，善啄食。
脚强壮适于奔走。
雄鸟跗蹠常有距，翅短圆。
雌雄大都异色，雄性羽色多华丽。
巢多在地面，雏鸟早成。

雉科 Phasianidae

石鸡（石鸡子，嘎嘎鸡） | Chukar Partridge; *Alectoris chukar*

黑色环带

栖息地：山区丘陵地带，也会到山下低地如耕地附近活动。 | 全长：280mm

识别要点	中等体形。上体灰褐色偏粉，脸部黑色贯眼纹向后延长至头侧和下喉部，形成黑色环，与白色的脸部和喉部对比鲜明；下体棕黄色，两胁具数条并列的黑色和栗色并列的横斑和白色条纹。嘴和脚红色。
生态特征	常成对或结小群活动。取食植物种子、嫩芽、果实和昆虫等。在晨昏，雄鸟喜站在岩石坡上"嘎拉、嘎拉"鸣叫。繁殖期筑巢于地面凹坑处。
分 布	广泛分布于我国北方地区。国外见于欧洲南部向东至亚洲中部大部分地区。
最佳观鸟时间及地区	全年：西北至华北地区。

斑翅山鹑（半翅）　Daurian Partridge；*Perdix dauuricae*

栖息地：山麓开阔平原的低矮灌丛、草丛。农田中也可见到。　全长：280mm

识别要点	体形中等偏小的鹑类。雄鸟头顶和枕部暗褐色，后颈和颈侧蓝灰色，缀有黑色点斑；上体沙褐色，杂有栗色斑纹；尾羽棕白具黑褐色细斑纹；翅上覆羽棕褐色缀有白色羽干纹；额部、眉纹、颊部、喉部、前颈和上胸部均肉桂色，喉部羽毛呈尖长须状；腹中央具马蹄状黑色斑块，两胁具宽阔的栗色横斑，下体余部棕白色。雌鸟似雄鸟，但较暗淡，下体黑色斑块较小或仅存痕迹。嘴铅灰色，脚灰黄色。
生态特征	通常结群活动，在山地间开阔的低矮灌丛草坡觅食植物种子、嫩芽，也吃昆虫，繁殖期营巢在矮灌丛的地面上。
分　布	国内见于新疆北部、青海、甘肃、内蒙古、陕西、宁夏、陕西、河北和东北地区，为留鸟。国外见于中亚至西伯利亚、蒙古。
最佳观鸟时间及地区	全年：北方大部。

鹌鹑 [秃尾 (Yǐ) 巴鹌鹑]　　Japanese Quail；*Coturnix japonica*

脸侧和喉部红褐色

张锡贤·摄

栖息地：开阔草地、农田、杂草丛等。　　全长：180mm

识别要点	小形雉类。体形短圆，雄鸟上体自上背至尾上覆羽呈淡栗褐色，杂以黑褐色横纹，各羽具黄白色羽干纹；尾羽黑褐色，具黄白色羽干纹和羽缘；脸侧和喉部红褐色；胸部浅栗色缀有白色羽干纹，下体灰白色。嘴褐色，脚淡黄色。
生态特征	常在矮草地、农田中觅食活动。行动隐秘，常常人走至跟前才突然惊飞，但不高飞，飞行一小段距离后就落下快速钻入草丛中躲藏。雄鸟在繁殖期好斗，营巢在草地凹坑处。
分　布	在我国除新疆西藏等西部地区外大部分地区常见。在东北和华北地区繁殖或少量冬候，南方地区为冬候鸟。国外见于亚洲东部及东南亚地区。
最佳观鸟时间及地区	春、秋季：华北、东北；秋、冬、春季：华北以南大部。

灰胸竹鸡 [竹鹧（Zhè）鸪，泥滑滑，山菌子]
Chinese Bamboo Partridge; *Bambusicola thoracica*

灰胸

月牙形斑

王吉衣·摄

栖息地: 低地至低海拔山区、丘陵间的树林、灌丛、竹林。	全长: 330mm

识别要点	中等体形的鹑类，雌雄相似。额、眉纹和颈侧蓝灰色，脸部和上胸棕红色；头顶、枕部至背部灰褐色，上背具月牙形的较大斑块，腰和尾上覆羽橄榄灰色，密布细横纹，尾羽褐色，具深色横斑；下体胸腹皮黄色，具褐色月牙形斑。嘴和脚铅灰色。
生态特征	常以家族群活动，不善飞行，主要在地面行走活动觅食，受惊吓有时会突然飞行一小短距离，然后钻入灌丛树林躲避。繁殖期在地面营巢。
分　布	国内在华中、华南、华东地区都有分布，为留鸟。国外见于日本，为我国引种过去的品种。
最佳观鸟时间及地区	全年: 南方各地。

原鸡（茶花鸟，烛夜，红原鸡，茶花一朵）

Red Junglefowl; *Gallus gallus*

中央尾羽长
且下弯

颈部羽毛披散，
具金属光泽

赵超·摄

栖息地：热带常绿灌丛、次生林、山地雨林。	全长：雄鸟700mm，雌鸟430mm

识别要点	似家鸡略小，为家鸡的祖先。冠、脸部、肉垂红色；颈部、尾上覆羽和初级飞羽铜黄色；上背栗褐色；尾羽、翼上覆羽黑绿色，周身羽毛闪金属光泽。雌鸟黄褐色，各羽具深色纵纹。嘴和脚铅灰色。
生态特征	单独或结小群活动，常在地面用双脚刨食，取食植物种子、嫩芽、果实、昆虫、无脊椎动物等。飞行能力较强。繁殖期在地面营巢。
分　　布	国内见于云南、广西、广东南部、海南等地，为留鸟。国外见于印度次大陆和东南亚地区。
最佳观鸟时间及地区	全年：云南西双版纳、海南霸王岭、尖峰岭、吊罗山。

环颈雉（野鸡，山鸡）Ring-necked Pheasant：*Phasianus colchicus*

白色环带 ——

陈建中·摄

栖息地：山区林地、丘陵、农田、沼泽草丛、半荒漠地区。

全长：雄鸟800mm，雌鸟600mm

识别要点	雄鸟羽色艳丽，头部黑色闪蓝绿色金属光泽，眼周裸皮鲜红色；颈部具一白色环带，上体大部分黑褐色具白色纵纹和黄色羽缘，肩部的羽毛呈浅灰色，下背和腰部蓝灰色，缀有深浅相间的横斑纹，尾上覆羽灰绿色；尾羽长，灰黄色具黑色横斑；下体褐色缀有黑色点斑。嘴、脚灰色。雌鸟周身黄褐色满布有深色斑点。
生态特征	单独或结小群活动。取食植物种子、嫩芽、块茎、昆虫等，常用脚扒地寻找藏在下面的食物。奔走能力强，不善飞行，只有在突遇危险时才快速起飞，然后飞至不远处落下。繁殖期雄鸟叫声响亮，并伴有急速的振翅声。筑巢于地面上。
分　布	在国内除西藏的部分地区外广布于各地。国外分布于亚洲中东部地区，也引种至欧洲、北美洲和澳大利亚。
最佳观鸟时间及地区	全年：除西藏外全国各地。

鹤形目

GRUIFORMES

多为大型鸟类，并具嘴长、颈长、腿长的
"三长"特征。

前三趾发达，后趾退化且高于其他趾，适于
地栖，不善握枝。

巢筑在近水地面，雏鸟早成。

鹤科 Gruidae

| 白鹤 | Siberian White Crane；*Grus leucogeranus* |

裸露皮肤红色——

陈建中·摄

栖息地：大型湖泊、河流浅滩等浅水生境，农田中也偶有栖息。　全长：1350mm

识别要点	大型涉禽，几乎通体白色，翅初级飞羽黑色，但须在飞行时后才可看到，面部裸露部分红色。嘴黄色，脚粉红色。
生态特征	常以家族群活动，越冬时集大群。在湿地浅水中觅食各种植物种子、块根、茎等，也吃鱼虾。迁徙时拍成队列飞行，振翅缓慢。
分　布	国内见于东北地区、华北和东部沿海地区，为旅鸟，主要在江西鄱阳湖越冬，在长江中下游附近的大型湖泊也有少量冬候群体。国外见于俄罗斯，越冬在伊朗、印度东北部地区。
最佳观鸟时间及地区	冬季：江西鄱阳湖；春、秋季：辽宁獾子洞、吉林向海、河北北戴河。

| 灰鹤 | Common Crane；*Grus grus* |

喉、前颈黑色

赵超·摄

栖息地：湿地沼泽、河湖、水库近岸浅水处，农田。 全长：1250mm

识别要点	大型涉禽，雌雄相似。头顶至后枕、颏、喉、前颈黑色，顶冠具红色裸皮，脸侧、后颈黑色；身体大部灰色，翅初级飞羽和次级飞羽黑褐色，三级飞羽镰刀状，灰色，羽端黑色；尾羽灰色，羽端黑色。嘴灰绿色，尖端黄色；脚灰黑色。
生态特征	常结群活动，在河滩、沼泽、农田中觅食，取食植物种子、根、茎、芽等，也吃昆虫、鱼、虾、小型鼠类等。飞行时常排成"一"字或"人"字形的队，繁殖期在沼泽草丛中营巢。
分　布	国内在东北和西北小面积地区为夏候鸟，东北大部为旅鸟，华北以南地区为旅鸟和冬候鸟。国外见于欧亚大陆北部，冬季中南半岛地区也有越冬。
最佳观鸟时间及地区	春、秋季：新疆伊犁、河北北戴河；冬季：北京野鸭湖、山东东营、江苏盐城、云南丽江拉市海。

丹顶鹤（仙鹤）　　Red-crowned Crane；*Grus japonensis*

颈黑、后颈上部白色

张锡贤·摄

栖息地：湖泊、水库、苇塘等湿地生境。　　全长：1500mm

识别要点	大型鹤类，体态优雅。头顶裸露部分红色，眼后经枕部至后颈上部白色，眼先、脸颊、喉、颈侧黑色；体羽余部白色；仅翅次级飞羽和镰刀状的三级飞羽黑色。平时翅膀收拢，三级飞羽垂在体后，常会被误认为是尾羽。
生态特征	常以家族群活动，在湿地沼泽行走觅食浅水中的植物种子、根茎，小鱼、小虾、螺等。迁徙时集群，排队飞行。繁殖期成对活动，求偶炫耀舞蹈优美，在芦苇丛中筑巢。
分　　布	国内在东北地区繁殖，东北地区东部、华北东部沿海地区为旅鸟，在华东地区为冬候鸟。国外见于西伯利亚东南部、朝鲜、日本。
最佳观鸟时间及地区	夏季：黑龙江扎龙；春、秋季：山东东营；冬季：江苏盐城。

秧鸡科 Rallidae

普通秧鸡 | Water Rail；*Rallus aquaticus*

上嘴顶端暗褐色、嘴系部红色

栖息地：苇塘、稻田、鱼塘、湖泊岸边等浅水而水生植物丰富的生境中。 全长：290mm

张瑜·摄

识别要点	中等体形的秧鸡，雌雄相似。额、头顶和后颈褐色，具深色纵纹，眉纹、脸部灰色，贯眼纹深褐色；上体黑褐色，各羽羽缘橄榄褐色；尾羽黑褐色，羽缘褐色；翅褐色；下体颏部白色，前颈、胸部和上腹灰色，两胁具黑白色横斑；尾下覆羽黑褐色，具白色横斑。上嘴顶端暗褐色，嘴余部红色，脚灰红色。
生态特征	常单独活动于水草繁茂的地方，觅食植物种子和昆虫，性胆怯，常隐匿在草丛中，较难见到。较少飞行，会游泳，但活动方式以涉水为主。繁殖期在水边地面上营巢。
分　　布	全国范围都有分布，在新疆西部、东北、华北北部为夏候鸟；在新疆大部、青海、甘肃西北部、四川西南部为留鸟；在华北大部、华中、华东地区为旅鸟；华南地区为冬候鸟。国外见于欧亚大陆。
最佳观鸟时间及地区	春、夏、秋季：我国大部；冬季：华南

白胸苦恶鸟　White-breasted Waterhen; *Amaurornis phoenicurus*

前额、
胸白色

赵超·摄

栖息地：水田、湿润草地、苇塘、池塘、河滩等生境。　全长：330mm

识别要点	体形略大，雌雄相似。头顶后部、后颈、上体为黑色；脸侧、前颈、胸、上腹白色；下腹和尾下覆羽棕色。嘴黄绿色，上嘴上基部红色，脚黄色。
生态特征	通常单独活动，偶尔结小群。在水草茂密的浅水生境活动觅食，善于行走和游泳，取食植物种子、嫩芽、水生昆虫等。也会到较为开阔的地方活动，较其他种类的秧鸡容易见到。
分　布	在我国华北北部以南地区多为夏候鸟，在华南和华东沿海、云南等地为留鸟和冬候鸟。国外见于印度和东南亚地区。
最佳观鸟时间及地区	春、夏、秋季：华北以南大部；全年：华南。

背具白斑

张瑜·摄

栖息地：苇塘、稻田、鱼塘、湖泊岸边等浅水而水生植物丰富的生境中。全长：180mm

识别要点	上体头顶、肩背、双翅、尾羽概为橄榄褐色，具黑色的纵纹，肩背部和内侧飞羽具不规则的白色斑；头部贯眼纹灰褐色，眉纹灰蓝色；下体颏喉部、胸部灰蓝色，两胁具黑褐色和白色相间的横斑，腹部淡褐，具白色横斑，尾下覆羽黑色，具白色横斑。虹膜红褐色；嘴绿黄色，尖端黑；脚锗褐色。
生态特征	常单独活动，在水域附近草丛中穿梭，性隐蔽，不易见到。少飞行，遇到危险多穿梭于芦苇丛中躲避，偶尔飞一小短距离就有钻进草丛中。取食昆虫、水生软体动物、水生植物等。繁殖期在草丛基部或地面上营巢。
分　布	国内在东北、华北和西北少数地区繁殖，东部大部分地区都有分布，为旅鸟，华南南部有少数冬候个体。国外见于欧亚大陆和北非。
最佳观鸟时间及地区	春、夏、秋季：全国大部；冬季：华南南部。

黑水鸡(红骨顶, 红冠水鸡) Common Moorhen; *Gallinula chloropus*

嘴基和额甲红色

王吉衣·摄

栖息地: 多芦苇、香蒲的池塘、河、湖、排水沟等有水生境。 全长: 320mm

识别要点	全身黑色为主, 两胁具宽阔的白色条纹, 尾下两侧两个白色斑块, 尾羽上翘时尤为明显。嘴端淡黄绿色, 嘴基部和额甲红色。脚黄绿色, 趾长而不具蹼, 胫部下端裸出, 橘橙红色环带。
生态特征	单独或成对活动于植被茂密的湿地水域, 善游泳, 也能潜水。常在水面游泳或在草丛间行走穿梭觅食水生植物、昆虫等。飞行能力较弱, 遇到危险常只飞行一小段就又落入水中。通常在芦苇香蒲丛中营巢。
分　布	国内见于东部大部分地区和新疆西北部, 在北方多为夏候鸟和旅鸟。南方为留鸟和冬候鸟。国外除大洋洲外见于各大洲。
最佳观鸟时间及地区	春、夏、秋季: 北方大部; 全年: 长江以南地区。

白骨顶（骨顶）　　　　　　　　　　　Coot; *Fulica atra*

嘴白色

赵超·摄

栖息地：栖息于水草繁茂的池塘、湖泊、河流、水库。　　全长：400mm

识别要点	体形较大且显得壮实，整个体羽大部分深黑灰色，头顶前端有一块白色额甲板。翅飞羽黑褐色，次级飞羽末端中央白色；胸部中央略呈苍白色，羽端近白色。嘴白色，脚灰绿色，具瓣蹼。
生态特征	常集群活动，在较开阔水面游泳，常潜入水中寻找鱼虾、昆虫、水草等食物。飞行能力较强，遇到危险常急速起飞，飞行一段又落回水面或潜入水中躲避敌害。繁殖期在草灌丛中水面上营漂浮巢。
分　布	全国范围都有分布，在黄河以北地区为夏候鸟和旅鸟，华中地区为旅鸟，在长江以南地区为冬候鸟。国外见于欧亚大陆、非洲和澳大利亚。
最佳观鸟时间及地区	春、夏、秋季：北方大部；秋、冬、春季：南方地区。

鸨科 Otididae

大鸨（Bǎo）[地，地甫（Fǔ）鸟] | Great Bustard；*Otis tarda*

满布宽阔黑色横斑和细的蠹状斑

张锡贤·摄

栖息地：多栖息于近水域的湿地草滩、丘陵草坡、半荒漠草原等开阔生境。

全长：1000mm

识别要点	体形硕大。雄鸟头和上颈青灰色，下颈棕色；上体大都淡棕色，满布宽阔的黑色横斑和细的蠹状斑；中央尾羽深棕色，羽端白色，外侧尾羽基部白色，近羽端具黑色横斑；翅飞羽黑褐色；下体偏白色。繁殖期喉部和颈侧满布细长的纤羽。嘴和脚铅灰色。雌鸟较雄鸟小，羽色较暗淡，颈侧无纤羽。
生态特征	常结小群活动，善于奔走，步态稳重。飞行略显笨重，起飞需迎风助跑一段才能升空。取食多种植物种子、幼苗，也捕食昆虫，偶尔吃鱼、虾和其他小动物。繁殖期雄鸟求偶炫耀会炸开胸部羽毛，场面十分壮观，在地面浅坑处筑巢。
分　布	国内见于新疆西部、内蒙古、东北、华北地区，在长江以南少数地区偶见。在新疆为留鸟，东北多为夏候鸟，其他地区为旅鸟和冬候鸟。国外见于欧洲、西北非至中亚地区。
最佳观鸟时间及地区	夏季：东北；秋、冬、春季：华北。

鸻形目

CHARADRIIFORMES

（鸻鹬类）

小型和中型涉禽。嘴形变化较大，在形态构造上具有与生活习性相适应的特征。

翅长而尖，起飞不定向，善飞翔。

前三趾发达，具不发达的蹼膜，后趾多退化。

雌雄相似，雏鸟早成。

（鸥类）

嘴形直。翅尖长，善飞翔。

前三趾具蹼，后趾小而位高。

体色多以黑、白、灰色为主，罕为褐色。

幼鸟色暗，多为海洋鸟类，少数生活于淡水，善浮水。

雌雄相同，雏鸟晚成。

蛎鹬科 Haematopodidae

蛎鹬（LìYù）　Eurasian Oystercatcher；*Haematopus ostralegus*

—— 头、颈、胸黑色

沈越·摄

栖息地：海岸岩石滩、沙滩、河口滩涂。　　　　　　全长：440mm

识别要点	中等体形，且显得较为粗壮。羽色黑白相间，头、颈、胸部、背部黑色，翅大部黑色，次级飞羽基部白色，尾羽羽端黑色，身体余部白色。嘴长而粗壮，橙红色，脚粉红色。
生态特征	栖息在海岸、沼泽、河口等地。多单独活动，有时结小群，在海滩泥沙中用嘴搜索食物。觅食软体动物、甲壳类或蠕虫。奔跑快，飞翔力强。繁殖期在海边砂砾中筑巢。
分　布	国内在东北部、华北沿海地区为夏候鸟和旅鸟，东部和南部沿海地区为旅鸟和冬候鸟。国外见于欧洲。
最佳观鸟时间及地区	春、秋季：东部沿海；冬季：华东华南沿海。

鹮嘴鹬科 Ibidorhynchidae

鹮（Huán）嘴鹬（Yù） | Ibisbill; *Ibidorhyncha struthersii*

嘴红色，细长
而向下弯曲

赵超·摄

栖息地：中低海拔山区多砾石的溪流、河滩。 | 全长：400mm

识别要点	体形较大，额、头顶、眼先、颏、喉部都为黑色，外缘为白色。颈和胸部蓝灰色，上体灰褐色，下体在胸部有一条黑褐色的宽阔环带，于蓝灰色胸部之间夹一条白色条纹，下体余部白色。嘴深红色，细长而向下弯曲，脚绯红色。
生态特征	单只或结小群活动，在山区溪流河滩活动觅食，捕食小鱼、小虾、软体动物、大型昆虫等。繁殖期在河流间卵石凹陷处营巢。
分　布	国内见于新疆西部、西藏、四川、云南、青海、甘肃、陕西、山西、河北和内蒙古东部，为留鸟。也见于喜马拉雅山脉其他地区和中南亚。
最佳观鸟时间及地区	全年：华北、华中、西南地区。

反嘴鹬科 Recurvirostridae

黑翅长脚鹬 | Black-winged Stilt；*Himantopus himantopus*

翅黑色

赵超·摄

栖息地：沿海和内陆的湿地沼泽、河湖边滩。　　全长：360mm

识别要点	体态高挑，头上部、后颈、上体肩背部、双翅都为黑色，余部白色。嘴细直，黑色，腿和脚极长，红色。
生态特征	活动于浅水沼泽，边行走边不停地低头觅食，取食软体动物、蠕虫、水生动物等，单独或集群活动。繁殖期在湿地草丛间地面上营巢。
分　布	全国范围都有分布，北方多为夏候鸟和旅鸟，南方地区为留鸟和冬候鸟。国外见于印度及东南亚。
最佳观鸟时间及地区	春、夏、秋季：全国大部；全年：南方地区。

嘴细长而
上翘

陈建中·摄

栖息地：海滨、内陆的湖泊、河流、池塘岸边。　　　全长：430mm

识别要点	体形较大，身体黑白两色，头上部、后颈、初级飞羽、肩羽黑色，翅上有一条黑色斑纹，身体余部白色。嘴细长而上翘，黑色，脚黑色。
生态特征	常集群活动，在浅水中低头觅食，将嘴在水面向两边不断扫动搜索食物，善游泳，有时会浮在水面进食，主要吃水生昆虫。繁殖期在水域岸边地面上营巢。
分　布	国内除云南、海南外，见于各省，在北方地区为夏候鸟，迁徙时经过大片地区，华东、华南沿海地区有越冬群体。国外见于欧洲、非洲南部、印度等地。
最佳观鸟时间及地区	春、秋季：全国大部；冬季：东南沿海。

燕鸻科 Glareolidae

普通燕鸻（**Héng**） | Oriental Pratincole；*Glareola maldivarum*

黑色细纹

陈建中·摄

栖息地：开阔湿地滩涂，草地和农田。 | 全长：250mm

识别要点	中等体形，上体大部灰褐色，翅外侧飞羽黑褐色，尾上覆羽白色，尾叉形，尾羽基部白色，端部暗褐色，外侧尾羽白色；下体颏、喉棕白色，头侧自眼先经咽下至喉部后缘有一条黑色细纹，胸部淡褐色，下胸和两胁棕褐色，余部白色。嘴黑色，嘴基红色，脚深褐色。
生态特征	结群活动，迁徙季节集大群。性喧闹，飞行似燕子，速度快，边飞边叫。主要吃昆虫，尤喜吃蝗虫。繁殖期结群在草地或沙地上简单做巢。
分　布	国内在东北、华北、华东地区为夏候鸟和旅鸟，中部和西南地区为旅鸟。国外见于蒙古、西伯利亚、印度、泰国、菲律宾等地。
最佳观鸟时间及地区	春、夏、秋季：除新疆西藏外大部地区。

鸻科 Charadriidae

凤头麦鸡 | Northern Lapwing; *Vanellus vanellus*

长冠羽

赵超·摄

栖息地: 河湖岸边、草地、农田。 | 全长: 320mm

识别要点	体形较大,繁殖期额、头顶黑色,头后具长的冠羽,头侧淡棕色,眼周、耳羽、颈侧具黑色斑纹。上体绿褐色,闪绿色金属光泽,翅黑色,外侧飞羽端浅棕,尾白色,具宽阔的黑色次端斑,下体颏、喉黑色,腹部白色,胸部具宽阔的黑色胸带,尾下覆羽棕色。非繁殖期羽色较暗淡,颏、喉白色。嘴近黑色,脚橙褐色。
生态特征	常结群活动,迁徙时甚至结成数百至的大群,飞行振翅缓慢。在水边、农田草地寻找食物,主要取食昆虫、草子等。繁殖期在草丛、地面营巢。
分 布	国内在东北、华北北部、西北北部为夏候鸟,在长江以南地区为冬候鸟,东部地区多为旅鸟。国外见于欧亚大陆北部、印度和东南亚。
最佳观鸟时间及地区	春、夏、秋季: 北方大部; 冬季: 长江以南地区。

灰头麦鸡　Grey-headed Lapwing；*Vanellus cinereus*

头灰色

栖息地：开阔水域河滩、草地、农田。　　全长：350m

赵超·摄

识别要点	头及胸部灰色，胸部灰色下缘具黑色胸带，上体背部褐色，翅初级飞羽黑色、次级飞羽白色；尾羽白色，具黑色次端斑，最外侧尾羽纯白；下体白色。嘴黄色，嘴端黑；脚黄色。
生态特征	集群活动，在沼泽、农田、草地中活动觅食，取食昆虫、草子等。繁殖期在地面营巢。
分　布	国内在东北至华东地区为夏候鸟和旅鸟，云南、广东、广西为冬候鸟。国外见于朝鲜、日本、印度东南部、东南亚。
最佳观鸟时间及地区	春、夏、秋季：东北地区；春、秋季：东北以南大部。

羽缘金黄

陈建中·摄

栖息地：沿海滩涂、内陆河流附近、稻田、开阔草地。　　　全长：250mm

识别要点	中等体形，较为粗壮。繁殖期上体羽黑褐色，羽缘金黄，部分具白色斑点，额部、眉纹白色，向后绕耳羽延伸至胸侧，形成较为明显的宽阔白色条纹。翅飞羽和尾羽暗褐色，缀浅土黄色横斑。脸部、下体黑色。非繁殖期羽色较为暗淡，整体偏灰，且下体无黑色，而是灰色缀以灰褐色横斑。嘴短而厚，黑色。脚灰绿色。
生态特征	单独或成群活动，在湿地岸边、农田、开阔草地上奔走觅食，取食蠕虫、蜗牛、昆虫等，偶尔也吃杂草种子和嫩芽。繁殖期在地面凹陷处营巢。
分　布	我国全国范围内都可见到，主要为旅鸟，在东南沿海地区有冬侯群体。
最佳观鸟时间及地区	春、秋季：全国。

眼圈金黄色

陈建中·摄

栖息地: 沿海和内陆的水域滩涂、内陆开阔农田。　　全长: 160mm

识别要点	体小，繁殖期额基、头顶前部、贯眼纹黑色，头顶后部至上体灰褐色，后颈具白色领环向前延伸和白色的颏、喉部相连，下面紧连一宽阔的黑色颈圈。中央尾羽沙褐色，最外侧尾羽白色，下体余部白色。非繁殖期羽色较暗淡，头部黑色区域不明显。眼圈金黄色，嘴黑色，脚黄色。
生态特征	常结小群活动，在水域岸边跑跑停停，常急速小跑一段然后停住继续寻找食物。主要吃昆虫。繁殖期在地面砾石间、草丛中凹陷处营巢。
分　布	全国范围内都有分布。大部分地区为夏候鸟，东南沿海地区有越冬群体。国外见于欧亚大陆北部、东南亚、北非等地区。
最佳观鸟时间及地区	春、夏、秋季：全国大部；秋、冬、春季：华南地区。

环颈鸻 Kentish Plover；*Charadrius alexandrinus*

赵超·摄

栖息地：沿海滩涂、内陆湖泊、河流边滩、低矮草地、农田。　全长：160mm

识别要点	体小，身体显得较胖，头大。繁殖期额部、眉纹、脸侧为白色，头顶前部、贯眼纹、黑色，头顶后部赤褐色，后颈基部白色向前延伸形成白色领环，黑色颈圈在前颈处断开。上体淡褐色，翅飞羽黑褐色，羽基白色，形成白色翅斑飞行时尤为明显，尾羽黑褐色，外侧尾羽白色。下体余部白色。非繁殖期上体大部灰褐色。嘴和脚黑色。
生态特征	单独或结小群活动，常与其他涉禽混群活动，在湿地滩涂和沼泽草地上觅食，主要以昆虫、蠕虫为食。繁殖期在河滩地面上、农田草丛地面中营巢。
分　布	国内大部分地区都有分布，在东北南部、华北、西北华中地区为夏候鸟和旅鸟；华东、东南沿海地区为留鸟和冬候鸟。国外见于美洲、非洲、欧亚大陆南部。
最佳观鸟时间及地区	春、夏、秋季：全国大部；全年：南方地区。

鹬科 Scolopacidae

扇尾沙锥 | Common Snipe；*Gallinago gallinago*

嘴细长，黑褐色

沈越·摄

栖息地：河流、湖泊的浅滩，沼泽、芦苇地、水田等浅水生境。 | 全长：260mm

识别要点	体形略显肥胖，上体黑褐色，杂以许多红褐色、棕白色、淡黄色的斑纹；眉纹白色、颊纹、贯眼纹棕黑色；尾羽基部黑灰色，近端处栗红色，尾羽端白色。下体喉和前胸淡黄色，杂以棕黄色纵纹，胸部以下灰白色，两胁橘灰黑色横斑。嘴细长，黑褐色，嘴基黄色；脚橄榄绿色。
生态特征	喜活动于沼泽泥滩，用长嘴在泥中啄食小的无脊椎动物。隐蔽性强，常走至跟前都还难以发现。繁殖期在地面上营巢。
分　　布	国内大部分地区都有分布，在新疆西部和东北北部为夏候鸟，长江以南地区为冬候鸟，其余地区为旅鸟。
最佳观鸟 时间及地区	春、秋季：北方大部；秋、冬、春季：长江以南地区。

黑尾滕（Chéng）鹬　　Black-tailed Godwit; *Limosa limosa*

嘴基粉色，嘴端黑褐色

陈建中·摄

栖息地：沿海滩涂、河流、湖泊岸边。　　全长：420mm

识别要点	大型的鹬类。繁殖期偏褐色，头顶、后颈、背部灰褐色，具深色斑纹，腰和尾羽基部白色，尾羽具宽阔的黑色端斑；翅深褐色斑驳，飞羽基部白色，飞行时很明显。下体棕褐色，下腹和尾下覆羽近白色，下胸腹部和两胁具深色横斑。非繁殖期羽色偏灰色，下体斑纹较少。嘴长而直，嘴端黑褐色，嘴基粉色；脚灰绿色。
生态特征	结群活动，迁徙季节有时会结成数百只的大群，在沿海滩涂、河流两岸泥滩上觅食，常将头插入软泥中捕捉沙蚕等无脊椎动物。
分　布	国内在新疆西北部和东北地区西部为夏候鸟，东部地区为旅鸟，东南沿海有少量群体越冬。国外见于欧亚大陆北部、非洲及澳大利亚。
最佳观鸟时间及地区	春、秋季：东部地区。

小杓（Sháo）鹬　　Little Curlew；*Numenius minutus*

深褐色侧冠纹较粗　　　　　　嘴较短

沈越·摄

栖息地：近海滨的沼泽、草地、农田。　　　　　全长：300mm

识别要点	似中杓鹬，但个体小且嘴较短的，头部深褐色侧冠纹较粗，下体腹部至尾下覆羽少斑纹。嘴褐色下嘴基粉红色；脚蓝灰色。
生态特征	长结群活动，较喜欢栖息在草地生境，少到沿海滩涂，主要以昆虫、蠕虫、软体动物为食。迁徙和越冬时也同其他鹬类集成较大的群体。
分　布	国内见于东北和东部沿海地区，为旅鸟。国外见于东北亚和太平洋西部沿岸地区至澳大利亚。
最佳观鸟时间及地区	春、秋季：东部沿海。

嘴黑色，长而下弯

张瑜·摄

栖息地：沿海泥滩、河口、沿海草地、沼泽。   全长：430mm

识别要点	体形中等的杓鹬。羽色浅灰而满布褐色小纵纹和斑纹，头部具褐色侧冠纹和冠眼纹，眉纹和颏喉部灰白色，下体腹部和尾下覆羽灰白，两胁具褐色横斑。嘴黑色，长而下弯；脚蓝灰色。
生态特征	通常结小群活动于水域边滩，走走停停，寻找泥洞中的螃蟹，然后用长而弯的嘴将螃蟹从洞中捉出吃掉，也吃沙蚕等无脊椎动物，有时也会与其他鸻鹬类混群活动。迁徙时常结成大群。
分　布	国内在东部大部分地区都有分布，为旅鸟；在东南沿海地区有少量越冬个体。国外见于欧洲北部、亚洲北部、东南亚地区、澳大利亚。
最佳观鸟时间及地区	春、秋季：东部沿海。

大杓鹬　Far Eastern Curlew; *Numenius madagascariensis*

嘴极长而弯曲, 下嘴
基粉红色

张锡贤·摄

栖息地: 海域滩涂、沼泽。　　　　　　　全长: 630mm

识别要点	体形很大的杓鹬。上体灰褐色,满布深褐色斑纹,下体颏、喉和前颈灰褐色,缀以褐色细纵纹,余部皮黄色,两胁具灰褐色粗纵纹。嘴极长而弯曲,大部黑色,下嘴基粉红色,脚蓝灰色。
生态特征	似中杓鹬,较多时间单独活动,偶尔也会与其他种类杓鹬混群。
分　布	国内在东部大部分地区都有分布,为旅鸟。国外见于东北亚、大洋洲。
最佳观鸟时间及地区	春、秋季:东部沿海。

鹤鹬   Spotted Redshank; *Tringa erythropus*

嘴长而直

下嘴基红色

栖息地：沿海滩涂、内陆河流、湖泊、鱼塘边滩，沼泽地带。   全长：300mm

陈建中·摄

识别要点	中等体形。繁殖羽黑色，杂以浅灰色细纹和横斑，在腰部两侧和尾羽浅灰色斑纹较粗；冬季周身青灰色，具较为明显的白色眉纹，翅飞羽和尾羽色较深，白色斑点不甚明显。嘴长而直，黑色，下嘴基红色；脚橙红色。
生态特征	喜结群活动觅食，在沿海滩涂、内陆河湖边滩行走觅食泥土中的无脊椎动物，也会站在水中甚至半浮在水面将头扎入水中用长嘴觅食水底的食物。繁殖期在水边地面上营巢。
分　　布	国内在新疆西北部有夏候鸟群体，东北至西南以东大部分地区都有都有分布，为旅鸟；在东南、华南沿海有部分越冬群体。国外见于欧洲、非洲、南亚、东南亚地区。
最佳观鸟时间及地区	春、秋季：全国。

嘴端黑，基部红色

脚橘黄色

陈建中·摄

栖息地：沿海滩涂、内陆河流、湖泊、鱼塘边滩，沼泽地带。　全长：280mm

识别要点	外形与鹤鹬相似但稍小，繁殖羽羽色偏褐色，下腹和尾下覆羽偏白；非繁殖羽淡灰褐色，无白色眉纹，而具不甚明显的白色眼圈。嘴先端黑而基部红色；脚橘黄色。
生态特征	单独或结小群活动，也常与其他鸻鹬类混群活动，在湿地滩涂觅食湿泥中的无脊椎动物、昆虫等。繁殖期在水域周围地面上营巢。
分　　布	全国范围内都有分布，在青藏高原、内蒙古东部、新疆北部为夏候鸟；长江以南地区为冬候鸟，其他地方多为旅鸟。国外见于欧亚大陆北部、东南亚、非洲、澳大利亚。
最佳观鸟时间及地区	春、秋季：全国；冬季：华南。

嘴端黑，其条灰色

陈建中·摄

栖息地：沿海和内陆的河流湖泊边滩，河口、泥滩。   全长：320mm

识别要点	体形较大的鹬类，繁殖羽上体灰褐色，羽缘浅灰，具深褐色羽干纹和横斑；翅飞羽和尾部横斑近黑色；下体白色，喉胸部具深褐色纵纹，两胁具褐色斑点。非繁殖羽羽色偏浅灰。嘴灰色，嘴端黑，嘴形长且显粗壮，略微上翘；脚黄绿色。
生态特征	单独或结小群活动，在沼泽浅滩、河湖岸边行走觅食，食物包括小型无脊椎动物等。受惊吓起飞后常发出响亮悦耳的"嘀-嘀-嘀"叫声。
分　布	全国范围都有分布，在北方地区为旅鸟，南方为冬候鸟。国外见于欧亚大陆北部，非洲南部、印度、东南亚、澳大利亚。
最佳观鸟时间及地区	春、秋季：全国；冬季：华南。

白色眉纹与白
眼圈相连

陈建中·摄

栖息地：水田、河流湖泊边滩、水库岸边等各种浅水生境。	全长：230mm

识别要点	小形鹬类。雌雄同色。上体绿褐色杂有白色点斑，腰部白色，飞行时非常易见，尾端有黑色横斑。眼上具短的白色眉纹，与白色眼圈相连，但不延至眼后。下体白色。
生态特征	常常单独活动，多在湖泊边滩、河流、池塘岸边行走觅食，喜上下颠尾，特别是刚刚飞落的时候这一动作尤为明显。
分　　布	见于我国各省。繁殖于欧亚大陆北部，在我国多为旅鸟和冬候鸟。在非洲、东南亚和大洋洲越冬。
最佳观鸟时间及地区	秋、冬春季：东北以南大部。

林鹬　　　　　　　　　　Wood Sandpiper: *Tringa glareola*

具长的白色眉纹

赵超·摄

| 栖息地：开阔水域岸边、沼泽草地、河滩、水田、沿海滩涂。 | 全长：210mm |

识别要点	与白腰草鹬相似，但显得较纤细，头部具长的白色眉纹，身上的斑纹较细而密，下体灰色纵纹明显。嘴黑色，脚黄绿色。
生态特征	常结群活动，在多泥的浅滩行走觅食，也会与其他涉禽混群，取食水生昆虫，小无脊椎动物。繁殖期在沼泽草丛地面营巢。
分　　布	全国范围都有分布，在东北最北部为夏候鸟，在华南、东南沿海有少量越冬，其他地方为旅鸟。国外分布于欧亚大陆被捕，非洲、印度、东南亚和澳大利亚。
最佳观鸟时间及地区	春、秋季：全国。

泽鹬　Marsh Sandpiper; *Tringa stagnatilis*

嘴细而直，黑色

张锡贤·摄

栖息地：湖泊、池塘、沼泽、沿海滩涂。　全长：230mm

识别要点	中等体形，繁殖羽上体羽青褐色，下背、腰和尾上覆羽白色，且尾上覆羽具暗色斑纹；两翅和尾羽色较深；下体白色，体侧两胁缀黑褐色斑纹。非繁殖羽颜色更浅，下体少斑纹。嘴细而直，黑色；脚灰绿色。
生态特征	多结成2~3只的小群活动，迁徙季节也会结大群。栖息于水域湿地岸边，主要取食无脊椎动物，繁殖期在地面营巢。
分　布	国内分布很广，在东北西北部地区繁殖，其他地方多为旅鸟。
最佳观鸟时间及地区	春、秋季：全国。

翘嘴鹬　　Terek Sandpiper；*Xenus cinereus*

嘴长而微上翘

陈建中·摄

栖息地：沿海滩涂、较大河流河口、湖泊等水域岸边沙滩。　全长：230mm

识别要点	体形较小，整个身体较矮。上体灰褐色，具深褐色羽干纹和浅灰色羽缘。头部具不十分明显的白色眉纹和黑色贯眼纹；翅飞羽黑褐色，尾羽灰褐色；下体颏喉部白色，微具灰褐色条纹，胸侧灰褐色深褐色纵纹，余部白色。嘴长而上翘，黑色，嘴基黄色；脚橘黄色。
生态特征	常单独或结小群活动，在沿海滩涂、河口地区活动，也会与其他鸻鹬类涉禽混群觅食，食物主要为各种无脊椎动物。繁殖期在地面营巢。
分　布	国内在东部沿海地区和西部新疆、云南等地有分布，为旅鸟。国外见于欧亚大陆北部、非洲东部、东南亚、澳大利亚。
最佳观鸟时间及地区	春、秋季：东部沿海。

矶（Jī）鹬　　Common Sandpiper；*Actitis hypoleucos*

下体与翼角交界处有一道白色斑纹

赵超·摄

栖息地：平原至低海拔山区的水域岸边、沼泽草地、河滩、水田、沿海滩涂。

全长：200mm

识别要点	体形较小，上体羽橄榄褐色，头部具白色眉纹，尾羽橄榄褐色，缀黑褐色横斑，外侧尾羽白色，具黑斑；翅飞羽基部白色，展翅后形成白色翅斑十分明显；下体羽白色，在与翼角交界的地方有一道白色斑纹。嘴灰色，脚橄榄绿色。
生态特征	单独或结小群活动，在水源边、沼泽草地或水田中活动觅食，繁殖期在地面营巢。
分　布	全国范围都有分布，国内在东北、华北北部、新疆西北部为夏候鸟，长江以南地区为冬候鸟，其他地方为旅鸟。
最佳观鸟时间及地区	春、秋季：东部地区。

翻石鹬　　　Ruddy Turnstone；*Arenaria interpres*

头胸部黑白相间

陈建中·摄

栖息地：沿海滩涂、沙滩、岩石海岸，有时也见于内陆湖泊边滩。　全长：230mm

识别要点	中等体形，脚短，身体显得较矮。繁殖期头胸部黑白斑纹相间，特征明显，背部、双翅棕色，具黑色条纹，下体余部白色。非繁殖期整体较暗淡，偏灰色。嘴短而尖、黑色，脚橘黄色。
生态特征	结小群在海滨泥滩、岩石海岸上活动，行走快速，常翻动砾石寻找甲壳类动物为食。较少与其他涉禽混群。
分　布	主要见于我国东部地区，大部分为旅鸟，在东南沿海有部分越冬群体。国外见于北半球偏北地区，南美洲、非洲、东南亚和澳大利亚。
最佳观鸟时间及地区	春、秋季：东部地区。

红腹滨鹬　Red Knot; *Calidris canutus*

上腹棕红色

陈建中·摄

栖息地：沿海滩涂、河口。　　　　全长：240mm

识别要点	繁殖期上体从头顶至尾褐色，杂以棕色和浅灰色斑点和细纹。眉纹棕色，下体颊、喉至上腹棕红色，颈侧、两胁杂以褐色横斑，下腹至尾下覆羽污白色，具褐色斑点。非繁殖期上体灰褐色，下体近白具深色纵纹。嘴黑色，脚黄绿色。
生态特征	常结大群活动，也与其他涉禽混群，在沿海滩涂栖息觅食。觅食时低头嘴快速下啄。取食无脊椎动物、昆虫等。活动敏捷，飞行快速。
分　布	国内分布于东部沿海地区，为旅鸟，华南沿海有部分冬候鸟。国外见于北极圈内、美洲南部、非洲、印度次大陆、澳大利亚。
最佳观鸟时间及地区	春、秋季：东部沿海。

前颈棕红色

陈建中·摄

栖息地：沿海滩涂、沼泽湿地、河湖岸边。   全长：150mm

识别要点	繁殖期上体灰褐色斑驳，具黑褐色羽干纹和浅色羽缘，额基、嘴基后部皮黄色，脸侧、前颈、颈侧棕红色。尾羽黑褐色，外侧尾羽淡褐。翅飞羽黑褐色，羽缘棕色。下体胸腹部白色，胸侧和两胁具褐色斑纹。非繁殖期上体偏青灰色。嘴和脚黑色。
生态特征	结大群活动，在沿海滩涂栖息觅食，活动敏捷，时而行走、时而小跑。取食无脊椎动物、昆虫等。
分　布	在我国东部及中部地区常见，为旅鸟，华南和东南沿海有部分为冬候鸟。国外见于西伯利亚、东南亚地区、澳大利亚。
最佳观鸟时间及地区	春、秋季：东部沿海。

青脚滨鹬　　　　Temminck's Stint; *Calidris temminckii*

陈建中·摄

栖息地：沿海和内陆的沼泽湿地、河湖岸边。　　全长：150mm

识别要点	繁殖期头、颈、胸部、上体青褐色，具深褐色羽干纹，肩背部和双翅的黑色羽干纹粗大，翅上覆羽羽缘浅棕色，外侧尾羽纯白。头部眉纹不甚显著，棕白色，在眼前区域较为明显，眼先黑褐色。下体白色，颈侧、胸部灰褐色。非繁殖期身体青灰色，斑纹不十分明显。嘴黑色，脚黄绿色。
生态特征	结群活动，常与其他涉禽混群。在水域岸边觅食软体动物、昆虫等。
分　布	全国范围都有分布，大部分为旅鸟，东南沿海有部分越冬群体。国外见于欧亚大陆北部、非洲、中东、印度、东南亚。
最佳观鸟时间及地区	春、秋季：东部沿海。

弯嘴滨鹬　　Curlew Sandpiper；*Calidris ferruginea*

嘴较长，稍向下弯曲

陈建中·摄

栖息地：沿海滩涂，近海湿地沼泽、稻田、湖泊、鱼塘岸边。　全长：200mm

识别要点	繁殖期身体大部棕褐色，上体肩背和翅上覆羽具浅色羽端和黑褐色斑点，尾上覆羽白色，飞行时尤为明显。翅飞羽黑褐色，羽缘浅灰或浅棕色。头部眉纹白色，不十分明显。下体颏、喉部白色，前颈、胸、腹部栗褐色，羽缘浅棕。尾下覆羽白色，具褐色横斑。非繁殖期整体青灰色。嘴较长，稍向下弯曲，黑色，脚黑色。
生态特征	结群活动，常与其他涉禽混群。觅食软体动物、昆虫、蠕虫、环节动物等，也吃部分植物种子。
分　布	国内见于东北和东部沿海地区，为旅鸟，有部分在华南南部沿海地区为冬候鸟。国外见于西伯利亚，非洲、中东、澳大利亚等处。
最佳观鸟时间及地区	春、秋季：东部沿海。

黑腹滨鹬　　　　　Dunlin; *Calidris alpine*

腹部黑褐色

陈建中·摄

栖息地：沿海和内陆的湿地滩涂。　　　全长：190mm

识别要点	繁殖期上体棕褐色，杂以深褐色纵纹或点斑。羽缘浅灰色，翅飞羽黑褐色，羽缘浅灰褐色。中央尾羽黑褐色，外侧尾羽浅褐色近白。脸部具较明显的白色眉纹。下体颈喉部、颈部、上胸浅灰色，具褐色细纹。下胸和上腹部黑褐色，下体余部白色。非繁殖期整体偏青灰色，下体无大的黑斑。嘴稍长，略向下弯曲，黑色；脚灰绿色。
生态特征	单独或结小群活动，也会与其他涉禽混群，非繁殖期集大群。在湿地滩涂奔走觅食。取食无脊椎动物、昆虫等。
分　布	国内在新疆、东北、华北地区为旅鸟，华南、华东、东南地区为旅鸟和冬候鸟。国外见于北美洲、欧亚大陆。
最佳观鸟时间及地区	春、秋季：东部地区。

鸟类识别 111

鸥科 Laridae

| 黑尾鸥 | Black-tailed Gull; *Larus crassirostris* |

嘴黄色，尖端红色
具黑色环带

赵超·摄

栖息地：沿海海岸沙滩、悬崖、草地以及邻近的湖泊、河流和沼泽地带。 全长：470mm

识别要点	成鸟繁殖期头、胸、下体白色；肩背部、翅上覆羽和次级飞羽深灰色，次级飞羽羽缘白色，飞羽黑色，羽端具白斑。腰和尾羽白色，尾羽具宽阔的黑色次端斑。嘴黄色，尖端红色具黑色环带，脚绿黄色。非繁殖期枕部为灰色点斑。亚成鸟整体偏褐色。
生态特征	结群活动于各种水域生境，时而在空中飞翔，时而落入水中捕捉鱼虾，也会游荡在水面上。食物主要为鱼、虾，也吃昆虫、小型哺乳动物等。繁殖期在沿海崖壁上集群做巢。
分　布	国内在山东、福建、辽宁等地的沿海岛屿繁殖，迁徙时见于东部大部分地区，主要在华南和华东沿海越冬，渤海也有一定的越冬群体。国外见于太平洋沿岸地区。
最佳观鸟时间及地区	秋、冬、春季：东部沿海。

陈建中·摄

栖息地：沿海和内陆水域、草原、沼泽。   全长：620mm

识别要点	大型鸥类，身体粗壮。大部白色，上体灰色。三级飞羽和肩部具宽的白色月牙状斑，外侧初级飞羽前部黑色，且具白色端斑。冬羽头和后颈具褐色纵纹。亚成鸟偏褐色，周身斑驳。虹膜淡黄色，嘴黄色，下嘴尖端具红色斑，脚粉红色。
生态特征	常结群活动，也会与其他鸥类混群。在沿海和内陆水域飞行或游泳觅食。食性杂，主要取食鱼、虾、无脊椎动物，还会捕捉鼠类等小型哺乳动物。
分　　布	国内见于东北和东部沿海大部分地区，为旅鸟和冬候鸟。国外见于西伯利亚。
最佳观鸟时间及地区	春、秋季：东部沿海。

嘴暗红色

赵超·摄

栖息地：池塘、湖泊、河流、近海水域等较开阔生境。　　全长：400mm

识别要点	成鸟繁殖期头颈部黑褐色，眼后部具白色眼圈，肩背部青灰色，第一枚飞羽白色，具黑色先端和边缘，外侧飞羽黑色，内侧飞羽暗灰色而端白。嘴和脚暗红色。非繁殖期头部转为白色，耳羽具黑斑。幼鸟身体斑驳，多褐色且尾羽具黑褐色次端斑。
生态特征	栖息于大型水面，常在水面游泳觅食，也会从空中俯冲叼取水面上的鱼虾，食物主要为鱼、虾、昆虫，也吃小型哺乳动物。繁殖期集群营巢于水中小岛或草地上。
分　布	国内各处均有分布，在东北北部和西北北部地区为夏候鸟，长江以南地区多为冬候鸟，其他地区为旅鸟和冬候鸟。国外见于欧洲、亚洲。
最佳观鸟时间及地区	秋、冬、春季：全国大部。

嘴短，黑色——

沈越·摄

栖息地：近海水域、滩涂、河口、湖泊。　　　　　　全长：330mm

识别要点	繁殖羽和非繁殖羽都似红嘴鸥，但体形较小，站立时显得颈部较短，头部黑色，与白色的眼圈对比十分明显，初级飞羽合拢时呈黑白相间状。嘴短、黑色，脚暗红色。
生态特征	数量稀少，全球近危。多活动于海域附近，较少游泳，一般都是从空中飞行落下捕捉螃蟹和其他蠕虫，飞行快速轻盈。繁殖期在盐碱滩涂地面上营巢。
分　　布	国内主要见于东部沿海地区，在辽宁、河北、山东、江苏盐城等少数沿海地区繁殖，东部沿海其他地方多为旅鸟和冬候鸟。国外见于韩国、日本沿海地区。
最佳观鸟时间及地区	夏季：辽宁盘锦；秋、冬、春季：东部沿海。

眼圈白色区域较大

赵超·摄

栖息地：繁殖期栖息于开阔平原和荒漠与半荒漠地带的盐碱湖，越冬于沿海水域滩涂。

全长：450mm

识别要点	中等体形的鸥，成鸟似红嘴鸥，但体形稍大，且显得粗壮，站立时姿态挺拔，粗壮的颈、胸部显得突出，头部深色区域黑色，眼圈白色区域较大，翅膀合拢时初级飞羽呈黑白相间状，飞行时初级飞羽黑色区域内有一较大的白色斑块，嘴和脚都较红嘴鸥的更红，且粗壮。
生态特征	数量稀少，全球近危。多活动于近海水域和内陆盐碱湖。常集群游荡于水边觅食，主要取食鱼、虾、昆虫等。繁殖期在内陆湖心岛地面上集群营巢。
分　　布	国内在内蒙古西部鄂尔多斯高原和内蒙古中部及东部为夏候鸟，在渤海、黄海沿海地区为冬候鸟和旅鸟。
最佳观鸟时间及地区	夏季：内蒙古 鄂尔多斯、达里诺尔；秋、冬、春季：渤海沿岸。

燕鸥科 Sternidae

普通燕鸥 | Common Tern; *Sterna hirundo*

尾羽深叉状

栖息地：内陆湖泊、河流、水库、沼泽、沿海水域。

全长：350mm

赵超·摄

识别要点	成鸟繁殖期头顶之后颈黑色，上体大部暗灰色，腰和尾上覆羽白色；尾羽深叉状，白色，外侧尾羽外缘偏灰；翅飞羽暗灰色；下体灰白色。非繁殖期额和头顶污白色。幼鸟上体偏褐色。嘴黑色，夏季嘴基红色；脚橙红色。
生态特征	常活动于近海水域，多在水域上空飞翔，寻觅水中的猎物，一旦发现急冲而下，用嘴将猎物叼走然后飞离水面，不游泳。食物为鱼、虾、水生昆虫。繁殖期在沼泽湿地中营巢。
分　布	国内在东北、华北、华中、西北北部地区为夏候鸟和旅鸟，华东、东南沿海为旅鸟。国外见于各大洲。
最佳观鸟时间及地区	春、夏、秋季：北方大部；秋、冬、春季：南方地区。

额白色

陈建中·摄

栖息地：近海水域滩涂、内陆沼泽、湖泊。   全长：240mm

识别要点	体形较小的燕鸥，头的比例显得较大。成鸟繁殖期头顶至后颈黑色，额部白色，上体灰色，尾羽白色；翅外侧飞羽黑褐色，内侧飞羽灰色，下体白色。非繁殖期头顶黑色，杂以白色点斑。繁殖期嘴黄色，嘴端黑色，非繁殖期嘴黑色，脚黄色。
生态特征	栖息于较大的水域沼泽，捕食鱼、虾、小无脊椎动物、水生昆虫等。繁殖期在水域附近草丛、地面上营巢。
分　布	国内见于东北至西南地区以东大片地区和新疆北部，为夏候鸟和旅鸟。国外见于除南美洲外的各大洲。
最佳观鸟时间及地区	春、夏、秋季：东部地区。

须浮鸥　　　　　　　　　Whiskered Tern；*Chlidonias hybridus*

下体暗灰色

陈建中·摄

栖息地：沿海和内陆的开阔水域、水田、湖泊、河流等。　全长：250mm

识别要点	成鸟繁殖期前额经眼至后颈黑色，颊和耳区白色，上体灰色，翅尖长，尾较短，呈叉状，灰色。翅飞羽灰褐色，下体暗灰色，腹部近灰黑色。非繁殖期头部白色头顶缀黑色斑纹，下体灰白色。嘴和脚红色。
生态特征	结小群活动，在较开阔的水域上空飞行觅食，冲入水中或低空掠过捕捉水中的鱼虾，水生昆虫，也吃蝗虫等。繁殖期在水边地面上营巢。
分　布	国内在东部地区适合生境都有分布，为夏候鸟。国外见于欧洲南部，非洲南部，亚洲东部、南部及澳大利亚。
最佳观鸟时间及地区	春、夏、秋季：东部地区。

白翅浮鸥　White-winged Black Tern；*Chlidonias leucopterus*

翅浅灰色

陈建中·摄

栖息地：沿海水域、河口、内陆湖泊、池沼、稻田等有水生境。　全长：230mm

识别要点	成鸟繁殖期除飞羽和尾羽外都为黑色，尾羽白色，翅浅灰色，翅上覆羽近白，外侧飞羽灰黑色，内侧飞羽白色，飞翔的时候与黑色体羽对比十分明显，嘴红色，脚橙红。非繁殖期上体灰色，头部白色杂以黑斑，下体白色，嘴黑色。
生态特征	活动于沿海和内陆的水域生境，常以小群活动，在水面上空飞翔，发现猎物后低飞掠过水面捕捉小鱼虾，也会在空中飞捕昆虫，不游泳，休息时常静立于水中渔网、竹竿等突出物上。繁殖期在水边地面上营巢。
分　布	国内在东北、华北北部、新疆北部为夏候鸟，华北、华中和华南地区为旅鸟，在东南沿海地区为冬候鸟。国外见于欧洲南部、中亚、俄罗斯、非洲南部、澳大利亚。
最佳观鸟时间及地区	春、夏、秋季：东部地区。

鸽形目

COLUMBIFORMES

小型或中型鸟类。嘴短，基部大都较软，嘴基具隆起的蜡膜。

翅长而尖或圆，飞翔迅速。

脚短健，善行走。

雌雄相似，雏鸟早成或晚成。

有的可由嗉囊分泌乳状物育雏。

鸠鸽科 Columbidae

| 原鸽（野鸽子） | Rock Pigeon；*Columba livia* |

翅上具两道宽阔横斑

栖息地：栖息于多山崖的山区，城市等人类建筑环境也有分布。　全长：320mm

识别要点	中等体形，整体蓝灰色，形似家鸽。颈部、胸部闪紫绿色金属光泽。翅上具2道黑色宽阔的横斑，腰部浅灰色，尾具黑色宽的端斑。嘴铅褐色，具白色鼻瘤，脚深红色。
生态特征	结群活动，常在空中盘旋飞行，多活动于崖地生境，但也很容易适应城市及庙宇周围的环境。取食植物种子、谷物等。为家养鸽子的原祖。
分　布	国内见于新疆西部、西藏南部、青海、甘肃、陕西、内蒙古、河北北部等地，为留鸟。国外见于印度次大陆及东南亚地区。
最佳观鸟时间及地区	全年：新疆乌鲁木齐、宁夏贺兰山、内蒙古西部。

岩鸽（野鸽子）　　　Hill Pigeon; *Columba rupestris*

尾羽中部具白色横斑带

赵超·摄

栖息地：栖息于多悬崖的山区，冬季也见于山谷和平原地区。　全长：330mm

识别要点	头、颈、前胸和背部青灰色，颈部闪绿紫色金属光泽。翅上具两道黑色宽阔的斑纹，腰部白色。尾羽先端黑色，尾羽中部具白色横斑带，基部灰色。嘴黑色，鼻瘤肉色，脚红色。
生态特征	栖息在有岩石和峭壁的地方，常结群于山谷或飞至平原觅食，也到住宅附近活动。鸣声与家鸽相似，取食植物种子和农作物，喜食玉米、高粱、小麦等。繁殖期在岩缝中、峭壁的缝隙中、建筑物的洞穴中或屋檐下营巢。
分　布	在我国长江以北地区都有分布，东北地区为夏候鸟，其他地方为留鸟。国外见于喜玛拉雅山脉和中亚地区。
最佳观鸟时间及地区	夏季：东北；全年：华北、西藏、西南地区。

山斑鸠（Jiū）[金背斑鸠，雉鸠，麦鷍（jiāo），斑鸠]

Oriental Turtle Dove；*Streptopelia orientalis*

颈侧具黑白相间的块状斑

赵超·摄

栖息地：栖息于山区和平原的较开阔的农田、村落、林缘生境。　全长：320mm

识别要点	中等体形的斑鸠。头、颈灰色，颈侧具黑白相间的块状斑。上背黑褐色，羽缘栗色，下背、腰呈暗灰蓝色，尾上覆羽黑褐色。尾羽黑褐色，尾羽端和最外侧尾羽浅蓝灰色。下体在喉部、胸部粉棕色，腹部偏粉，尾下覆羽灰蓝色。嘴灰褐色，脚暗紫红色。
生态特征	常成对或结小群活动，在地面行走觅食，取食植物种子、果实和嫩芽，直线飞行快速。繁殖期在树枝杈间做巢，产卵2枚，双亲共同抚养雏鸟。
分　　布	国内除西部少数地区外都有分布，在东北北部为夏候鸟，其他地方为留鸟。国外见于西伯利亚、朝鲜、日本、印度及东南亚地区。
最佳观鸟时间及地区	全年：全国。

珠颈斑鸠（珍珠鸠，花斑鸠，花脖斑鸠，斑鸠）

Spotted Dove; *Streptopelia chinensis*

黑色领圈上具白色斑点

张瑜·摄

栖息地：栖息于山区、丘陵和平原地区的较开阔的农田、村落、林地生境，在城市园林、居民区绿化地区中也有分布。

全长：300mm

识别要点	与山斑鸠相似，但略小，且整体偏粉褐色。头灰褐色，后颈具黑色领圈，羽端具白色点状斑。上体粉褐色，中央尾羽暗粉褐色，外侧尾羽绒黑色，羽端具宽阔的白色斑。下体在喉、胸部呈葡萄红色，腹部羽色逐渐变浅，尾下覆羽浅灰色。嘴黑色，脚暗红褐色。
生态特征	成对或结小群活动，在地面觅食。食物主要为各种植物种子、果实、嫩芽，谷物等。繁殖期在树上筑巢，近来随着城市化程度的增强，许多在城市居住的珠颈斑鸠选择了在空调支架上筑巢繁殖。
分　布	国内在河北以南地区都有分布，在各地均为留鸟。国外见于东南亚各地。
最佳观鸟时间及地区	全年：华北以南各地。

鹦形目
PSITTACIFORMES

嘴短钝，先端具利钩。

脚短，对趾足，爪强健具钩。

羽毛相对稀、硬，具有闪光，大多带有
红、绿色泽。

雌雄相似，雏鸟晚成。

鹦鹉科 Psittacidae

绯胸鹦鹉（鹦哥） | Red-breasted Parakeet；*Psittacula alexandri*

黑色髭纹

沈越·摄

栖息地：中低海拔的山地、丘陵林地。

全长：340mm

识别要点	头部脸颊蓝灰色，眼先黑色，具明显的黑色髭纹。枕部、后颈至肩背、两翅绿色，尾羽蓝绿色。胸和上腹粉红色，下腹和尾下覆羽绿色。雄鸟上嘴红色，下嘴黑色。雌鸟上嘴黑色，下嘴褐色。脚灰色。
生态特征	集群活动，性喧闹，以坚果、浆果、嫩枝芽、谷物、种子等为食。繁殖期营巢于树洞中。
分　布	国内见于西藏东南部、云南、广西西南部和海南，在香港和广东南部城市也有少量个体，可能是笼养逃逸个体。国外见于印度和东南亚。
最佳观鸟时间及地区	全年：云南西双版纳、西藏林芝、广西大新、海南。

鹃形目
CUCULIFORMES

脚短小，对趾足。
雌雄相似，雏鸟晚成。
树栖性种类多具巢寄生特点，地栖性种类都自营巢繁殖。
食物以昆虫为主。

杜鹃科 Cuculidae

大鹰鹃（顶水盆儿） | Large Hawk Cuckoo; *Cuculus sparverioides*

栖息地：较为开阔的山区阔叶林地。 | 全长：400mm

识别要点	体形较大的杜鹃。外形羽色和鹰相似。头和后颈暗灰色，上体余部及翅上覆羽褐黄色，翅飞羽具棕黑相间的横斑，尾羽淡褐色，具黑褐色横斑。下体在颏、喉部灰白色具深色细纵纹，胸部偏棕，腹部白色具黑褐色横纹。虹膜黄色，上嘴黑色，下嘴黄绿色，脚淡黄色。
生态特征	多活动于山区林地，喜单只活动，栖息于山坡树枝上，叫声响亮而略显单调。繁殖期产卵于其他鸟类巢中。
分　布	国内从华北北部至西南以东地区都有分布，为夏候鸟，在海南岛为留鸟。也见于喜马拉雅山脉其他地区及东南亚地区。
最佳观鸟时间及地区	夏季：华北以南各地。

四声杜鹃（光棍儿好苦）　Indian Cuckoo；*Cuculus micropterus*

尾羽具宽黑色次端斑

沈越·摄

栖息地：平原和低山森林及次生林地。　全长：300mm

识别要点	与大杜鹃相似，但稍小；下体横斑较粗，也较为稀疏，尾羽具较宽的黑色次端斑。叫声易于分辨，为有规律四声的"布-谷-谷-谷"。虹膜红褐色，上嘴黑色，下嘴偏绿，脚黄色。
生态特征	平时常隐匿于树上，常只闻其声，不见其形。飞行振翅轻盈，捕捉昆虫为食。繁殖期彻夜鸣叫，将卵产在灰喜鹊、卷尾等巢中。
分　布	国内见于东北至西南以东的广大地区，为夏候鸟，在海南为留鸟。国外见于东南亚地区。
最佳观鸟时间及地区	夏季：除青海、西藏、新疆、台湾外各地。

大杜鹃（割谷）　　Common Cuckoo；*Cuculus canorus*

纵黑褐色横斑

陈建中·摄

栖息地：多栖息于较开阔林地，尤喜近湿地的林地，也常会光顾苇塘。　全长：320mm

识别要点	中等体形。雄鸟头部、上体暗灰色，腰部和尾上覆羽灰蓝色。尾羽黑褐色并具白斑。翅飞羽黑褐色，外侧飞羽黑褐色具小的白色斑点。下体在颏、喉和上胸部为淡灰色，余部白色，缀以黑褐色横斑。雌鸟似雄鸟，但偏褐色，也有棕红色型的雌鸟。虹膜黄色，嘴黑褐色，嘴基黄色，脚黄色。
生态特征	常活动于近水域的开阔林地，较隐匿，平时常站立在大树的枝叶间，不易见到，但在繁殖期里叫声容易听到并且十分有特点，为"布谷-布谷"声，也就是民间所说的布谷鸟。飞行振翅速度较快，翅膀长而尖，有些像隼。主要捕食毛虫。繁殖期自己不筑巢，而是将卵产在大苇莺或喜鹊的巢中，让其替自己孵卵育雏。
分　　布	全国范围都有分布，为夏候鸟。国外见于欧亚大陆、非洲和东南亚地区。
最佳观鸟时间及地区	夏季：全国。

鸟类识别 131

鸮形目

STRIGIFORMES

嘴坚强而钩曲，嘴基具蜡膜。

脚强健且被羽，第四趾能向前后转动成对趾足，爪锐利。

眼大且前视，多具面盘。

羽毛柔软，飞翔无声，夜行性，善捕鼠。

雌鸟大于雄鸟，雏鸟晚成。

鸱鸮科 Strigidae

红角鸮 (Xiāo)（王冈哥） | Oriental Scops Owl; *Otus sunia*

耳状羽

沈越·摄

栖息地：低山平原地区的林地生境，村落附近、苗圃等地，城市园林也有分布。

全长：190mm

识别要点	小型的猫头鹰。头部两侧具有突出的耳状羽，周身羽毛棕色或棕灰色，且满布深色的细小横斑和纵纹，翅上具有白色的较大的点斑。虹膜黄色，脚肉灰色。
生态特征	昼伏夜出，平常白天隐匿在树的枝叶间很难被发现，主要捕捉大型昆虫为食，偶尔也吃鼠类和小鸟。在天然树洞中筑巢。
分　　布	在国内东北、华北、华中地区为夏候鸟，华南、华东、西南地区为留鸟。国外见于印度次大陆、东南亚、朝鲜、日本等地。
最佳观鸟时间及地区	夏季：东北、华北各地；全年：长江以南地区。

宽阔的褐色纵纹

沈越·摄

栖息地：丘陵荒坡、村落、农田林缘灌丛等地。　　全长：230mm

识别要点	小型的猫头鹰。头部显得扁圆而无耳羽簇，眉纹白色较粗，上体褐色，具白色点斑和纵纹，上背的白斑较大，形成不十分显著的"V"字形领斑；尾羽沙褐色，具棕白色横斑；翅飞羽褐色具白色点斑；下体棕白色，具宽阔的褐色纵纹。虹膜黄色，嘴灰黄色。
生态特征	通常昼伏夜出，黄昏时候开始活跃起来，偶尔白天也见有活动，多为受惊扰所致。食物主要为鼠类、小鸟、大型昆虫等。繁殖期在天然树洞、石缝中营巢。
分　布	国内见于新疆西部，西南、华中、华北和东北地区，为留鸟。国外见于欧亚大陆大部分地区。
最佳观鸟时间及地区	全年：北方各地。

长耳鸮（长耳木兔，猫头鹰，夜猫子）Long-eared Owl; *Asio otus*

长耳状羽

赵超·摄

栖息地：多栖息于林地生境，尤以针叶林为多。城市园林中也可见到。偶尔也会在灌丛、芦苇丛中休息。

全长：360mm

识别要点	中等体形的鸮类。头两侧张有长的耳状羽，向上竖起十分醒目。头部具棕黄色面盘，两眼内侧羽毛白色，形成非常明显的两个白色半圆斑。上体棕黄色，具黑褐色的羽干纹和白色斑点。翅膀飞羽黑褐色具棕色细横斑，尾羽棕黄具深色横斑和小的蠹状斑纹。下体棕黄色具黑褐色粗纵纹。虹膜橙黄色非常醒目。
生态特征	昼伏夜出，白天多站立在大树上缩着脖子闭眼休息，黄昏时分开始活跃起来。主要捕食鼠类，也会捉麻雀、蝙蝠等。繁殖期在树洞中或树干凹陷处筑巢。
分　布	国内几乎全国都有分布，在东北、华北北部为夏候鸟，少量为旅鸟和冬候鸟，新疆西部为留鸟，其他大部地区为旅鸟和冬候鸟，华南地区为冬候鸟。国外见于北美洲和欧亚大陆。
最佳观鸟时间及地区	冬季：华北以南各地。

鸟类识别 135

短耳鸮（小耳木兔，田猫王，短耳猫头鹰）
Short-eared Owl; *Asio flammeus*

耳状羽非常短

陈建中·摄

栖息地：开阔草地、湿地草丛等生境。 全长：380mm

识别要点	与长耳鸮体形相当，外形也十分相似。但耳状羽非常短，只有两个小尖，几乎看不出。体羽比长耳鸮的偏草黄色。虹膜呈柠檬黄色。
生态特征	多在沼泽草丛或平原旷野中活动，昼伏夜出，捕捉鼠类、小鸟和昆虫等。营巢在草丛中地面上。
分　布	在我国东北北部为夏候鸟或留鸟，新疆西北部、华中到华东大部分地区都为冬候鸟。国外见于南北美洲和欧亚大陆。
最佳观鸟时间及地区	冬季：全国大部。

雨燕目

APODIFORMES

嘴扁短，基部阔。

翅尖长，飞翔疾速，飞捕昆虫。

四趾均可朝前形成前趾足。

唾液腺发达。

雌雄相似，雏鸟晚成。

雨燕科 Apodidae

白腰雨燕 | Fork-tailed Swift; *Apus pacificus*

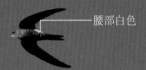

腰部白色

赵超·摄

栖息地：山区开阔地、平原上空都可见到。 | 全长：180mm

识别要点	整体黑褐色，下体色稍淡，翅镰刀状，腰部白色。嘴黑色，脚为前趾型，紫黑色。
生态特征	常结大群在山区或水域上空飞翔，飞行快速，在空中捕捉飞虫。繁殖期集群在岩壁上营巢。
分　布	国内在新疆北部、东北、华北、华中、华东地区为夏候鸟和旅鸟，长江以南地区多为留鸟。国外见于西伯利亚、东亚、东南亚、澳大利亚。
最佳观鸟时间及地区	夏季：北方大部；全年：长江以南地区。

咬鹃目

TROGONIFORMES

小型攀禽。

嘴短而粗壮，先端具钩。

脚短而弱，异趾足。

翅短圆，尾长而呈楔形。

眼大，四周有一圈鲜艳的裸皮。

雌雄异色，雏鸟晚成。

咬鹃科 Trogonidae

红头咬鹃　　Red-headed Trogon；*Harpactes erythrocephalus*

头棕红色

赵超·摄

| 栖息地: 低地至海拔2000多米的热带和亚热带森林。 | 全长: 330mm |

识别要点	中等体形，身体显得较粗壮。雄鸟头部棕红色，眼周裸皮蓝色。肩、背、尾上覆羽黄褐色。翅飞羽黑色，翅上覆羽黑色具白色细小横纹。尾羽较长，楔形，褐色，外侧尾羽外缘和腹面端部白色。下体颏、喉、胸、腹都为红色，在胸前具一条窄的半月形白环。雌鸟与雄鸟相似，较暗淡，头胸棕黄色。嘴蓝色，脚肉粉色，为异趾型。
生态特征	单独或成对活动，常站立在低枝头，飞出捕食昆虫。叫声较为粗哑。繁殖期在树洞中营巢。
分　布	国内分布于云南、四川南部、贵州、广西、广东、海南、福建等地，为留鸟。国外见于东南亚地区。
最佳观鸟时间及地区	全年：华南、西南南部各地。

佛法僧目

CORACIIFORMES

嘴形多样，翅短圆。
脚短小且弱，并趾足，适攀木。
雌雄相似，雏鸟晚成。

翠鸟科 Alcedinidae

普通翠鸟（翠鸟） | Common Kingfisher；*Alcedo atthis*

头顶至后颈蓝绿色

嘴黑色

赵超·摄

栖息地：湖泊、溪流、鱼塘、水库、农田水渠等有水生境。 | 全长：160mm

识别要点	小型的翠鸟。雄鸟头顶至后颈蓝绿色，密布亮蓝色的细横斑，前额、颊部和耳羽棕红色，耳后具一白色斑块，贯眼纹黑褐色。上体背部至尾上覆羽灰蓝色。尾羽短，暗蓝绿色。翅上覆羽蓝绿色，杂以淡蓝色横斑，飞羽黑褐色。下体在颏、喉部白色，胸部以下栗红色。嘴黑色，脚红色。雌鸟似雄鸟，下嘴橙黄色。
生态特征	在我国为非常常见的翠鸟种类。常见活动于湿地生境，立于水面上的植物上或岸边石头上，低头寻找水中的鱼、虾、确定目标后便俯冲钻入水中捕食，然后飞回栖枝上进食。捕食鱼、虾，也吃昆虫。对于较大的猎物常用嘴叼着甩头在树枝上摔打，待猎物松软后再吞食。繁殖期在水边土坡上凿洞筑巢。
分　布	除西部少数地区外几乎全国分布，在东北、新疆西北部为夏候鸟，其余地区多为留鸟。国外见于欧亚大陆、东南亚地区。
最佳观鸟时间及地区	夏季：东北；全年：余部。

下体颏喉和胸部白色

江航东·摄

栖息地：池塘、河流、沿海红树林、水田等湿地生境。　　全长：270mm

识别要点	体形较大且粗壮，雌雄相似。头、颈褐色。肩、背、尾羽亮蓝色。翅次级飞羽黑褐色，基部具大白斑，初级覆羽蓝色，次级飞羽蓝色，次级飞羽上部黑色。下体颏、喉和胸部白色，胸以下褐色。嘴、脚橙红色。
生态特征	单独活动，平时站立在树枝、电线杆上等较高处，低头寻觅食物，而后俯冲而下捕捉。主要捕食鱼、虾、大型昆虫、蜥蜴、小蛇等。
分　布	国内在长江以南地区都有分布，为留鸟。国外见于印度及东南亚地区。
最佳观鸟时间及地区	全年：长江以南各地。

鸟类识别 143

蓝翡翠（喜鹊翠）　　　Black-capped Kingfisher; *Halcyon pileata*

嘴大而粗壮、红色

上体亮蓝色

江航东·摄

| 栖息地：平原和山区的河流、水库、湖泊、鱼塘。 | 全长：290mm |

识别要点	头上部黑色，颈具白色领圈，上体背部至尾羽都为亮蓝色，初级飞羽先端黑色，基部白色，形成两块大的白斑，飞行时尤为明显。翅上覆羽部分黑色。下体自胸部以下为棕黄色。嘴大而粗壮，红色，脚暗红色。
生态特征	单独或成对活动，常立于水边树枝或岩石上，低头寻找水中的鱼虾，主要吃小鱼、小虾、也捕捉大型昆虫和小型鼠类、蜥蜴等。反之其在水边土坡营洞穴巢。
分　　布	国内在东北南部、华北、华中、华东、华南和西南地区为夏候鸟和旅鸟，东南沿海少数地区和海南为留鸟。国外见于朝鲜、印度和东南亚地区。
最佳观鸟时间及地区	夏季：除青海、新疆、西藏外各地。

144　**野外观鸟手册**

Crested Kingfisher; *Megaceryle lugubris*

头顶具发达的黑白相间的冠羽

虞海燕·摄

栖息地：栖息于山间多砾石的河流附近。　　全长：410mm

识别要点	体形很大的鱼狗，体羽黑白相间。头顶具发达的黑白相间的冠羽，颊部至颈侧白色，髭纹黑色。上体背部青黑色具白色横斑，尾羽黑色满具白色横斑，翅飞羽黑白点斑相间。下体白色，胸部具黑色的斑纹，两胁具皮黄色横斑。嘴粗大黑色，脚黑色。雌鸟似雄鸟，翅下覆羽棕色。
生态特征	多在山间溪流附近活动，长栖息于水边岩石上或电线杆上等高处，伺机捕食水中的鱼、虾，也吃大型昆虫和其他小动物。也会在空中振翅悬停低头寻找猎物。
分　布	从我国东北南部至西南地区都有分布，为留鸟。也见于喜马拉雅山脉其他地区、缅甸、越南、日本、朝鲜等地。
最佳观鸟时间及地区	全年：除新疆、青海、西藏、内蒙古外各地。

鸟类识别　145

蜂虎科 Meropidae

| 黄喉蜂虎 | Common Bee Eater；*Merops apiaster* |

颏、喉部栗褐色

张永·摄

栖息地：开阔草原田野。　　　　　　　　全长：280mm

识别要点	中等体形，羽色亮丽。头顶至肩、上背部栗褐色，具黑色贯眼纹，眉纹和颊纹浅蓝色。下背金黄色，尾上覆羽栗褐色，尾羽翠绿色，中央尾羽延长成针状。翅飞羽绿色，羽端黑色。下体颏、喉部黄色，前胸具黑色领环，余部蓝绿色。嘴黑色长而弯曲，脚灰色。
生态特征	单独或集群活动，常站立在开阔地的突出树枝上，等待昆虫飞过，立即跳起飞出在空中用嘴将其捕获，然后回到栖落处将猎物撕碎摔软吞下。喜食蜂类，也吃其他昆虫，繁殖期在土坡洞穴中营巢。
分　布	国内见于新疆西北部，为夏候鸟。国外见于欧洲南部、北非、中东、中亚、印度次大陆。
最佳观鸟时间及地区	夏季：新疆。

佛法僧科 Coraciidae

蓝胸佛法僧 | European Roller；*Coracias garrulous*

胸、腹浅蓝绿色

王传波·摄

栖息地：栖息于较为干燥的稀树草原、农田等开阔生境。 | 全长：300mm

识别要点	体形较粗壮，身体大部天蓝色，背部和三级飞羽棕色，其余飞羽黑色。嘴粗壮，黑色；脚暗黄色。
生态特征	喜在开阔地活动，常从栖息处飞出捕捉昆虫。常在树洞中营巢。
分　布	国内见于新疆西北部，为夏候鸟。国外见于欧洲、中亚、非洲、印度等地。
最佳观鸟时间及地区	春、夏、秋季：新疆。

三宝鸟　　　　　　　　Dollarbird；*Eurystomus orientalis*

嘴粗大，红色

张永·摄

栖息地：平原至海拔1200米左右的林地、林缘生境。　　　全长：290mm

识别要点	中等体形。雄鸟头颈部黑褐色，上体蓝绿色，具金属光泽。尾羽灰黑色，尾基闪蓝紫色光泽。翅初级飞羽黑褐色，基部具一道宽阔的亮蓝色横斑，飞行时尤为显眼。下体羽在颏、喉部蓝紫色，胸部以下呈铜绿色。雌鸟似雄鸟，羽色较暗淡。嘴粗大，红色，脚红色。
生态特征	多活动于林缘较开阔地带，常见在树顶端或电线杆上站立，有时会直接飞出在空中捕食飞行的昆虫。时常上下翻飞，显得较没有规律。繁殖期多在树洞中营巢。
分　布	国内从东北至西南都有分布，多为夏候鸟，华南部分地区为留鸟。国外广泛分布于东亚、东南亚至澳大利亚。
最佳观鸟时间及地区	夏季：除新疆、青海、西藏外各地。

戴胜目

UPUPIFORMES

中等攀禽。

嘴细长而尖，先端下弯，第三、四趾基部连并。

翅中等，宽而圆，尾长，方形，头顶具扇状冠羽。

雌雄相似，雏鸟晚成。

戴胜科 Upupidae

戴胜（臭咕咕，花和尚，花薄扇） | Eurasian Hoopoe; *Upupa epops*

长的棕色冠羽

张锡贤·摄

栖息地：平原、丘陵、林缘、山区开阔地等生境。城市绿地中也有分布。

全长：300mm

识别要点	外形特征鲜明，通体主要由黑、白、棕三种颜色组成。头顶具长的棕色冠羽，羽端具黑色斑。头、颈、胸、上背为淡棕色，下背褐色具浅色横斑带，腰白。尾羽黑褐色，中部具一道宽阔的白色横斑，翅膀羽色黑白相间。下体淡棕色，两胁具褐色细条纹。
生态特征	主要在地面活动觅食，用长而略弯的嘴在地面上翻找蠕虫之类的食物。飞行时成大波浪状，刚刚落地后或受到惊吓时会竖起冠羽，如蒲扇状。繁殖期在树洞、岩石缝、建筑物缝隙中营巢，育雏期间窝内粪便堆积，臭气很重。
分　布	在我国几乎全国范围都有分布，北方多为夏候鸟和旅鸟，南方地区为留鸟。国外见于非洲、欧亚大陆大部分地区。
最佳观鸟时间及地区	春、夏、秋季：北方；全年：南方。

䴕形目

PICIFORMES

嘴多强直，呈锥状，适于凿木。
尾羽羽轴发达，富有弹性。脚短而强，呈对趾型，善于攀缘
树干。舌器发达，能钩取树皮内的昆虫。
雌雄相差不多，雏鸟晚成。

须䴕科 Capitonidae

大拟啄木鸟 | Great Barbet: *Megalaima virens*

嘴大而粗壮，黄色，端黑色

栖息地：低地平原至海拔2000m以上的中海拔范围内的森林生境。 全长：300mm

识别要点	体大，头、颈、前胸蓝黑色，背部褐色，肩、下背和翅膀大部为绿色，尾羽灰绿色。腹部淡黄色具深绿色纵纹，尾下覆羽红色。嘴大而粗壮，黄色，嘴端黑色，脚灰色。
生态特征	常单独或成对活动，在食物丰富的地方有时也成小群。常栖于高树顶部，叫声单调而洪亮。取食植物的花、种子、果实，也吃昆虫。繁殖期在树干上凿洞为巢，有时也利用天然树洞。
分　布	分布于我国长江以南各省份，为留鸟。也分布于喜马拉雅山脉其他地区、缅甸、泰国和中南半岛。
最佳观鸟时间及地区	全年：长江以南各地。

啄木鸟科 Picidae

蚁䴕（Liè）（绕脖子鸟） | Wryneck；*Jynx torquilla*

头顶黑色冠纹延伸到背部

沈越·摄

栖息地：农田、灌丛、丘陵、林缘等地都有分布。 | 全长：180mm

识别要点	周身细纹密布，上体银灰色，密布黑褐色虫蚀状细纹，脸侧具深色贯眼纹，头顶具黑色顶冠纹，向后变粗延伸到背部。尾羽灰褐色具细小横斑。下体灰白色，密布细小横纹。嘴和脚为铅灰色。
生态特征	多在地面取食，长站立在蚁巢旁捕捉蚂蚁。较少上树，偶尔受到惊吓飞落到树枝上，不像其他种类的啄木鸟那样沿树干上下攀爬。单独活动，人靠近时会在原地做出头部前伸左右扭动的动作。繁殖期营巢于树洞中。
分　布	全国大部分地区都有分布，在东北、华北北部、华中西部地区繁殖，长江以南大部分地区为冬候鸟。
最佳观鸟时间及地区	夏季：东北；春、秋季：余部。

星头啄木鸟

Grey-capped Pygmy Woodpecker；*Dendrocopos canicapillus*

耳羽淡棕色

栖息地：各种林地生境，海拔可达2000米。　　全长：150mm

赵超·摄

识别要点	体形小巧，羽色主要以黑白相间。雄鸟前额、头顶灰色偏棕，眉纹宽阔白色，向后延伸经耳羽至颈侧，枕部两侧具红色星状斑点。耳羽淡棕，枕部、后颈、肩背部黑色，下背和腰白色，尾上覆羽黑色。中央尾羽黑色，外侧尾羽黑白相间。下体色淡，灰白色或稍呈棕色。雌鸟与雄鸟类似，唯头后无黑色斑纹。嘴铅灰色，脚灰黑色。
生态特征	具有啄木鸟类的典型特征，喜欢在树干上攀爬，用嘴敲击树干寻找藏在里面的虫子。繁殖期营巢于树洞中。
分　布	在我国从东北到西南一线以东广大地区都有分布，为留鸟。国外见于巴基斯坦和东南亚地区。
最佳观鸟时间及地区	全年：除新疆西藏。

| 棕腹啄木鸟 | Rufous-bellied Woodpecker; *Picoides hyperythrus* |

脸侧，下体
为棕褐色

摄

栖息地：多种林地类型的生境，针叶林、混交林等都有分布。 全长：200mm

识别要点	色彩较为鲜艳，雄鸟脸部眼先区域为灰白色，头顶至枕后红色，上体黑白相间。尾羽黑色，外侧尾羽基部黑色，余部成黑白相间状。脸侧、下体为棕褐色，两胁下部向后灰白色具黑色横斑，肛周、尾下覆羽红色。雌鸟似雄鸟，头顶黑色具白色点斑。嘴灰色，嘴端黑色，脚灰色。
生态特征	通常单只在树林中活动，攀爬在树枝上啄击树干寻找食物，以昆虫为主要食物，繁殖期在树洞中营巢。
分　　布	在我国从东北至西南一线以东地区都有分布，在东北东部为夏候鸟，东部大部分地区为旅鸟，在西南地区和西藏南部为夏候鸟。国外见于东南亚和中南半岛等地区。
最佳观鸟时间及地区	春、秋季：东北至西南各地。

大斑啄木鸟 [锛（Bēn）打儿(Der)木]
Great Spotted Woodpecker; *Picoides major*

肩部具大型白斑

沈越·摄

栖息地：见于多种类型的林地生境，在城市有乔木的绿化区域也经常可见。

全长：240mm

识别要点	中等体形的啄木鸟，雄鸟前额、眼先和颊部淡棕白色，头顶黑色，枕部具一块红色斑。背部黑色，肩部具大型的白色斑块，赤黑白相间，中央尾羽黑色，外侧尾羽白色具黑色横斑；颊纹黑色向后有一分支，向下伸至胸前，向上延至头后，下体主要为浅棕褐色，臀部红色。雌鸟似雄鸟，但枕部无红斑。嘴和脚铅黑色。
生态特征	是非常常见的啄木鸟种类，多种类型的林地都可见到，飞行呈大波浪状。多在树干上攀爬用嘴敲击树干寻找虫子，偶尔也会下到地面寻食其他昆虫。繁殖期在树洞中做窝。
分　　布	在我国除西南部分地区外，广布于全国各地。国外见于欧亚的大部分地区。各地均为留鸟。
最佳观鸟时间及地区	全年：全国。

黄冠啄木鸟 Lesser Yellow-naped Woodpecker; *Picus chlorolophus*

冠羽具蓬松的黄色羽端

沈越·摄

栖息地：海拔800～2000m的热带亚热带森林。　　　全长：260mm

识别要点	雄鸟头颈部大部分暗绿色，眉纹红色，上颊纹白色，颊纹红色，枕部冠羽具蓬松的黄色羽端。背部、翅上覆羽亮绿色，翅飞羽黑色，尾羽黑灰色。下体黑绿色，两胁具白色横纹。雌鸟似雄鸟，仅顶冠两侧具红色斑纹。嘴灰色，脚绿色。
生态特征	活动于林地中，啄击树木觅食虫子。在林地中单独或结小群活动，也常与其他鸟混群。
分　布	分布于我国云南、广西、广东、福建、海南，为留鸟。也见于喜马拉雅山脉其他地区，东南亚地区。
最佳观鸟时间及地区	全年：西南南部、华南南部。

灰头绿啄木鸟 [香铧打儿（Der）木]

Grey-faced Woodpecker; *Picus canus*

背部灰绿色 —————————

赵超·摄

栖息地：多种类型的林地生境和林缘地区。 全长：280mm

识别要点	体形较大的灰绿色啄木鸟。雄鸟前额头顶灰红色，眼先和颊纹黑色，脸部、后头为灰色。上体背部灰绿色，腰部和尾上覆羽黄绿色，中央尾羽黑褐色，外侧尾羽灰褐色杂以深色横斑。初级飞羽黑褐色杂以白色斑，下体羽在颏、喉部灰白色，余部浅灰色。雌鸟羽色稍黯淡。嘴灰黑色，下嘴基部黄绿色，脚灰色。
生态特征	活动于多种林地生境，啄击树干寻找食物，主要取食各种昆虫，也会下到地面取食蚂蚁。繁殖期在树洞中营巢。
分　布	国内分布非常广泛，从东北至西南一线以东地区、新疆北部、西藏南部都有分布，为留鸟。国外见于欧亚大陆和东南亚地区。
最佳观鸟时间及地区	全年：除新疆西藏外各地。

雀形目

PASSERIFORMES

种类繁多，分布广泛。

常态足（离趾足），鸣肌发达，善于鸣叫，巧于营巢。

雄鸟大于雌鸟，羽色也较艳丽，雏鸟晚成。

百灵科 Alaudidae

蒙古百灵 [蒙古鹨 (Liù)] | Mongolian Lark；*Melanocorypha mongolica*

胸两侧具大的黑色斑块

沈越·摄

栖息地：开阔草原、丘陵、沼泽草丛。 | 全长：180mm

识别要点	体形较大，且显粗壮的百灵。雄鸟上体大部棕褐色，眼圈、眉纹淡黄白色，颊部、耳羽栗褐色；中央尾羽棕红色，外侧尾羽具大的白色斑块。飞羽黑褐色，内侧飞羽具大的白色斑块，飞行时尤为明显。下体颏、喉白色，胸部两侧具较大的黑色斑块，腹部至尾下覆羽污白色。雌鸟似雄鸟，但羽色稍暗淡。嘴黄褐色，脚肉褐色。
生态特征	喜结群，活动于开阔草原上，常直飞入高空，边飞边叫，叫声悦耳。主要取食植物种子，也吃昆虫。繁殖期雄鸟常立于草地土包或石块等较高处振翅鸣唱炫耀，在地面凹坑处营巢。
分　布	国内见于内蒙古、河北北部、甘肃西部、陕西北部、青海东南部，大部分为留鸟，也有旅鸟和冬候群体。国外见于蒙古、西伯利亚地区。
最佳观鸟时间及地区	全年：内蒙古、甘肃、宁夏。

凤头百灵 [凤头阿（E）了（Le）儿]

Crested Lark；*Galerida cristata*

具明显的凤头

王传波·摄

| 栖息地：干燥草原、荒坡、半荒漠灌丛、农田。 | 全长：180mm |

识别要点	体形略大，雌雄相似。头顶具明显的凤头，上体沙褐色而具褐色纵纹，翅、尾褐色，羽缘色浅。下体浅皮黄色，胸部密布褐色纵纹。嘴较细长，黄粉色，脚肉色。
生态特征	喜结群，冬季常集成数百只的大群活动，在草地上觅食，主要取食植物种子，也吃昆虫。繁殖期在地面营巢。
分　布	国内见于东北南部、华北、内蒙古、甘肃、宁夏、新疆西北部、青海，多数为留鸟，北方种群少量冬季南迁。国外见于中东、非洲、中亚、蒙古、朝鲜等。
最佳观鸟时间及地区	全年：北方地区除东北北部。

云雀（叫天子儿，鱼鳞燕儿）　Eurasian Skylark；*Alauda arvensis*

栖息地：开阔草原、河滩草地、农田。　　　全长：180mm

舒晓南 摄

识别要点	身体较为细长，上体沙褐色，具暗褐色羽干纹，头顶具不明显冠羽，受惊吓时会竖起，眉纹淡棕，耳羽栗褐色。肩背部、翅褐色，羽缘浅褐。尾羽黑褐色，最外侧尾羽几乎纯白。下体棕白，胸部密布黑褐色羽干纹。嘴角褐色，脚肉色。
生态特征	喜结群活动，在开阔草地奔走觅食，取食植物种子和昆虫。常立于地面、土块等较突出处鸣唱，叫声悦耳。惊飞时骤然几乎垂直上飞，边飞边叫。繁殖期在草丛地面营巢。
分　布	国内在东北、西北北部地区为夏候鸟，在东北南部、华北、华中、华东地区为冬候鸟。国外见于欧洲、俄罗斯、蒙古、朝鲜、北非、印度北部地区。
最佳观鸟时间及地区	秋、冬、春季：北方大部。

黑色侧冠纹向后延伸上翘

栖息地：平原至较高海拔的草甸、多砾石的荒坡。　　全长：160mm

识别要点	雄鸟头部黑白相间，图案独特，黑色侧冠纹向后延伸上翘，形成角状羽冠。头顶后部至背部沙褐色，腰和尾上覆羽灰褐色偏粉，尾羽黑褐，外侧尾羽具白斑。翅飞羽黑褐色，羽缘灰色。下体颏、喉部白色，胸部具黑色斑块，胸以下白色，两胁灰褐色，微具暗褐色纵纹。雌鸟似雄鸟，但头顶无黑斑。上嘴黑褐色，下嘴基黄褐色，脚黑色。
生态特征	集群活动，在草地、荒坡觅食植物种子，也吃昆虫。繁殖期营巢于草地岩石缝隙间地面上。
分　布	国内主要分布于西部地区，在新疆、青海、内蒙古西部、甘肃、四川、西藏为留鸟，在内蒙古中东部为夏候鸟，华北北部为冬候鸟。
最佳观鸟时间及地区	全年：西南地区；秋、冬、春季：华北地区。

燕科 Hirundinidae

家燕（燕子，拙燕） | Barn Swallow；*Hirundo rustica*

尾呈深叉状——

赵超·摄

栖息地：常伴人而居，栖息于村落附近，在农田、水塘、草原等处觅食。 全长：200mm

识别要点	上体头顶、脸侧、向后至尾羽及两翅都为蓝黑色，闪金属光泽，尾呈深叉状。额、颏、喉部红色，胸部具不整齐的黑色斑带，下体余部白色。嘴和脚黑色。
生态特征	常结小群活动，迁徙季节有时会集成百余只的大群。飞行快速，在空中上下翻飞滑翔，捕捉飞虫，食物为各种飞行昆虫。繁殖期在房屋屋檐下用泥筑巢。
分　布	全国范围都有分布，除云南南部、海南、台湾等地为留鸟外，其余各处都为夏候鸟。国外几乎见于除南极外的各大洲。
最佳观鸟时间及地区	春、夏、秋季：全国各地。

金腰燕（赤腰燕，黄腰燕，巧燕）
Red-rumped Swallow；*Hirundo daurica*

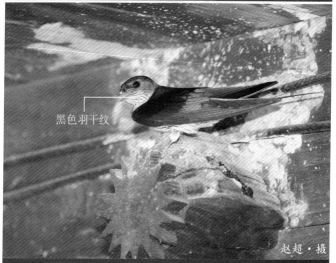

黑色羽干纹

赵超·摄

栖息地：平原和低海拔山区丘陵地带的农田、湿地、草场、村落等开阔生境。

全长：190mm

识别要点	比家燕稍小，雌雄相似。头顶、肩背部、尾羽蓝黑色，眉纹、眼后至后颈、腰部栗黄色。翅飞羽黑褐色，下体羽棕白色，密布以黑色羽干纹，尾下覆羽淡棕色。嘴和脚黑色。
生态特征	与家燕相似，迁徙时也会与家燕混群飞行。窝与家燕的不同，为倒酒瓶状。
分　布	全国范围内适宜生境都有分布，除东南沿海部分地区为留鸟外，其他地区都为夏候鸟。国外见于欧亚大陆、印度、东南亚、非洲等地。
最佳观鸟时间及地区	春、夏、秋季：除新疆外全国各地。

鹡鸰科 Motacillidae

白鹡(Jí)鸰(Líng) [点尾(Yǐ)巴塞儿]　White Wagtail；*Motacilla alba*

头侧白色

赵超·摄

栖息地：平原、农田、溪流、水库湖泊岸边。　　　全长：200mm

识别要点	中等体形的鸣禽。雌雄羽色相似。主要为黑、白、灰三色，通常上体灰色，下体白色，胸部具黑斑，翅膀、尾羽黑白相间。
生态特征	多单独活动，栖息于稻田、溪流、水库边等浅水生境，在水流岸边行走觅食，边走边上下摆动尾巴。主要取食各种小型昆虫，受惊时会骤然起飞，飞行呈波浪状，不久即落下。
分　布	全国范围都有分布，在我国北方、西北地区多为夏候鸟，也有部分为冬候鸟，在我国长江以南地区多为留鸟和冬候鸟。
最佳观鸟时间及地区	春、夏、秋季：北方大部；全年：南方。

————下体鲜黄色

陈建中·摄

| 栖息地：平原、农田、溪流、水库湖泊岸边。 | 全长：180mm |

识别要点	头顶橄榄绿灰色。上体暗黄绿色，腰部色较淡，中央尾羽黑褐色，羽缘黄绿色，最外侧两对尾羽白色。翅飞羽和翅上覆羽暗褐色，三级飞羽具黄白色羽缘，下体羽鲜黄色。嘴和脚黑色。冬羽较暗淡。
生态特征	活动于近水生境中，行走觅食，主要捕捉各种昆虫。迁徙季节会结成大群活动。繁殖期在地面隐蔽处营巢。
分　布	全国范围都有分布，在新疆西北部、甘肃、陕西、内蒙古、东北偏北部为夏候鸟；在华南地区为冬候鸟，其余广大地区为旅鸟。国外见于欧亚大陆、澳大利亚和北美洲阿拉斯加地区。
最佳观鸟时间及地区	春、夏、秋季：北方大部；全年：南方。

灰鹡鸰（马兰花儿）　　**Gray Wagtail;** *Motacilla cinerea*

颏、喉黑色

舒晓南·摄

栖息地：近水浅滩、草地、砾石滩、农田，在海拔较高的高山草甸也有分布。

全长：190mm

识别要点	与其他鹡鸰相比尾明显偏长，雄鸟繁殖期头顶至后颈、肩、背部灰色，眉纹白，眼周、耳羽灰色。尾上覆羽鲜黄色，翅飞羽和覆羽黑褐色，次级飞羽基部白色，组成一道翅斑，三级飞羽具宽阔的淡黄色羽缘，中央一对尾羽黑褐色，外侧尾羽白色为主，颏、喉黑色，下体黄色。雌鸟和非繁殖期雄鸟相似，较暗淡，颏喉，白色。嘴黑色，脚肉色。
生态特征	单独或结小群活动，也常与其他鹡鸰混群。喜在多砾石的河流浅滩活动觅食，主要捕食昆虫。繁殖期在地面营巢。
分　布	国内大部分地区都有分布，在东北、华北、华中部分地区为夏候鸟；华南和西南部分地区为冬候鸟；其他地区多为旅鸟。
最佳观鸟时间及地区	春、夏、秋季：北方大部；全年：南方。

田鹨（Liù）（花鹨）　　Richard's Pipit; *Anthus richardi*

后爪长

张瑜·摄

栖息地：平原至低海拔山区的开阔草地、农田。　　　　全长：190mm

识别要点	体形较大的鹨类，站立姿态挺拔。上体棕褐色，具黑褐色纵纹十分明显，眉纹和颊纹淡黄色。尾羽黑褐色，羽缘浅黄色，最外侧尾羽几乎全白。翅飞羽黑褐色而具淡棕白色羽缘。下体在颏、喉部乳黄色，胸部、两胁淡黄色，胸部具黑褐色纵纹，腹部至尾下覆羽乳白色。上嘴褐色，下嘴基部暗黄色。脚黄褐色，后爪长，十分突出。
生态特征	单独或成小群活动，在水域沼泽附近草地和农田中行走觅食，主要取食昆虫，也吃杂草种子。飞行成波浪状。
分　布	国内除西藏外各地均有分布，大部分为夏候鸟，东南沿海地区为留鸟，华南沿海地区包括海南岛、台湾为冬候鸟。国外见于中亚、蒙古、西伯利亚、印度和东南亚地区。
最佳观鸟时间及地区	春、夏、秋季：全国大部。

树鹨 [麦嗞（zī）儿，油松儿] Olive-backed Pipit；*Anthus hodgsoni*

耳羽处具小圆形白斑

栖息地：平原至中海拔山区的开阔林地、林缘、农田、村落附近。 全长：150mm

汪航东·摄

识别要点	中等体形，尾偏短，上体橄榄绿色稍具黑色纵纹。眉纹白色，耳羽处具一小的圆形白色点斑。下体胸和两胁皮黄色，具黑色纵纹，胸部纵纹较粗，下体余部污白色。上嘴黑褐色，下嘴肉色，脚肉褐色。
生态特征	常单独活动于稀疏林地和林缘草地，在地上行走觅食，取食昆虫，冬季也吃杂草种子。受到惊吓常飞落到树上隐蔽而与其他鹨类有所不同。繁殖期在林间草地上营巢。
分　布	国内在东北、华北西北部、华中、西南地区为夏候鸟，华北大部、华东地区多为旅鸟和冬候鸟，长江以南地区为冬候鸟。国外见于东北亚、印度和东南亚地区。
最佳观鸟时间及地区	夏季：东北；春、秋季：华北以南各地。

山椒鸟科 Campephagidae

灰山椒鸟（宾灰燕儿） | Ashy Minivet; *Pericrocotus divaricatus*

眼先黑色

上体灰色

陈建中·摄

栖息地：平原及山区的林地，林缘。 | 全长：200mm

识别要点	雄鸟额和头顶前部白色，头顶后至枕部、眼先和眼周黑色。上体自背部、腰和尾上覆羽灰色。中央尾羽黑褐色，外侧尾羽基部黑色，先端白色；翅飞羽黑褐色，具灰白色翅斑。下体几乎纯白。雌鸟似雄鸟，但头部为苍灰色。嘴和脚黑色。
生态特征	结小群活动于林区上层，边唱边飞叫，主要捕捉昆虫为食。繁殖期在树上营巢。
分　布	国内在东北北部为夏候鸟，东北南部、华北、华东、华南地区为旅鸟。见于中俄界河乌苏里江。国外见于朝鲜、日本和东南亚地区。
最佳观鸟时间及地区	春、秋季：东北至华南大部。

鹎科 Pycnonotidae

领雀嘴鹎(Bēi)(绿鹦嘴鹎，中国圆嘴布鲁布鲁，羊头公)

Collared Finchbill; *Spizixos semitorques*

白色领环

王吉衣·摄

栖息地：低山至中海拔山区的林地、林缘、灌丛、村落附近、市区园林也有分布。

全长：200mm

识别要点	体形较大，雌雄相似。额、头顶黑色，后头黑灰色杂以白斑，颊和耳羽上有白色细纹。肩、背至尾上覆羽都为橄榄绿色。两翅绿褐色，尾羽鲜黄绿色，具黑褐色端斑。鼻孔后缘和下嘴基有一白斑。下体后黑色，上胸围以白色领环，腹部及尾下覆羽黄绿色。嘴短而厚，肉黄色，脚肉褐色。
生态特征	喜结群活动，偶尔也见单只或成对活动。在树林、灌丛间游荡寻找食物，主要以昆虫为食，也食植物种子果实。繁殖期在树上灌丛间营巢。
分　布	国内从陕西和河南南部以南地区都有分布，为留鸟。国外见于中南半岛北部。
最佳观鸟时间及地区	全年：南方各地。

红耳鹎 (黑头公, 大头翁) Red-whiskered Bulbul; *Pycnonotus jocosus*

黑色冠羽高耸

赵超·摄

栖息地：开阔林地、林缘、灌丛、村落附近、城市公园等处。　全长：200mm

识别要点	额、头顶、后颈及颈侧黑色，具明显高耸的黑色冠羽，耳区具红色斑块，颊部白色。上体土褐色，翅飞羽和尾羽黑褐色。下体大部分白色，两胁偏灰，尾下覆羽红色。嘴和脚黑色。
生态特征	喜结群活动，较吵闹，在灌丛或树上跳跃穿梭鸣叫，取食植物种子、果实，也吃昆虫。不甚畏人，在一些市区园林中亦可见到。
分　布	国内分布于西藏东南部、云南、贵州、广西、广东、海南等地，为留鸟。国外见于印度和东南亚地区。
最佳观鸟时间及地区	全年：华南南部。

鸟类识别 173

白头鹎（白头翁）　　Chinese Bulbul; *Pycnonotus sinensis*

后枕部白色

赵超·摄

栖息地：平原和低山丘陵林地、林缘、村落、城市园林等。　全长：190mm

识别要点	额、头顶和后颈黑色，眼后方至后枕部白色，颊部黑色，耳区后方转为灰白色。上体橄榄灰色偏绿，翅和尾羽暗褐色，羽缘黄绿色。下体颏、喉部白色，胸部灰色，向下转为白色。嘴和脚黑色。
生态特征	常集大群在树林间活动觅食，取食植物种子、果实和昆虫。性吵闹。繁殖期在树枝上营巢。
分　布	国内从华北地区向南至海南岛都有分布，为留鸟。国外见于越南北部和琉球群岛。
最佳观鸟时间及地区	全年：华北以南。

黑喉红臀鹎（红臀鹎，黑头公）
Red-vented Bulbul; *Pycnonotus cafer*

喉黑色

尾下覆羽红色

沈越·摄

栖息地：开阔林地、林缘、灌丛。　　　　　　　全长：200mm

识别要点	中等个体，头颈部黑色，头顶冠具较明显的凤头，上体大部灰褐色，羽缘灰色。尾上覆羽灰白色，翅飞羽和尾羽黑褐色，尾羽具白色端斑。下体胸部大部灰褐色，羽缘色浅，形成鳞纹状斑驳，尾下覆羽绯红色。嘴和脚黑色。
生态特征	喜结群，性活泼吵闹，在开阔林地、灌丛活动觅食，取食植物种子、果实、昆虫等。繁殖期在树上营巢。
分　布	国内见于云南西部，为留鸟。国外见于印度、缅甸。
最佳观鸟时间及地区	全年：云南西部。

头顶暗褐色

背部棕色

虞海燕·摄

栖息地：海拔较低的森林、林缘、高灌丛等生境。　　全长：210mm

识别要点	头顶至枕部暗褐色，顶部略具羽冠，颊部、后颈、背部棕色。尾上覆羽暗褐色，翅初级飞羽、尾羽暗褐色，次级飞羽具白色或黄绿色外缘。下体白色，两胁沾灰色。嘴和脚深褐色。
生态特征	集群活动，性活泼吵闹，取食植物种子、果实和昆虫等。
分　　布	国内见于华南和东南地区及海南岛，为留鸟。国外见于印度和越南西北部等地区。
最佳观鸟时间及地区	全年：南方各地。

黑短脚鹎（山白头，白头黑布鲁布鲁，白头公）

Black Bulbul; *Hypsipetes leucocephalus*

嘴红色

头白色

虞海燕·摄

栖息地：平原和低山区的阔叶林、针阔混交林。　　全长：220mm

识别要点	较大型的鹎类。通体黑色或头、颈、胸部白色，余部黑色。嘴和脚红色。
生态特征	集群活动，多在树冠层活动，飞来飞去。叫声响亮多变。觅食植物种子和果实，也吃昆虫。不甚畏人。
分　　布	在秦淮以南地区都有分布，偏北的地区为夏候鸟，西南地区和华南南部为冬候鸟或留鸟。
最佳观鸟时间及地区	全年：南方各地。

叶鹎科 Chloropseidae

| 橙腹叶鹎 | Orange-bellied Leafbird; *Chloropsis hardwickii* |

额基、脸侧黑色

栖息地：低海拔山区的常绿林。

全长：200mm

廖海燕·摄

识别要点	中等体形，色彩艳丽。雄鸟额、头顶至背部黄绿色，翅外侧飞羽蓝色，具金属光泽，内侧飞羽绿色，尾上覆羽绿色，尾羽蓝色。头部额基、脸侧黑色，髭纹钴蓝色，下体颏、喉部和上胸蓝紫色，下胸至尾下覆羽橙色，两胁沾绿。雌鸟上体绿色，颏、喉部无蓝紫色，翅和尾羽都为绿色。嘴较长，黑色，脚灰绿色。
生态特征	常结小群活动，也会与其他鸟类混群。活动于山地常绿林中，取食植物花、果实、昆虫等。繁殖期在树上营巢。
分　布	分布于我国华南、西南各地，为留鸟。也见于喜马拉雅山脉其他地区和东南亚。
最佳观鸟时间及地区	全年：南方各地。

太平鸟科 Bombycillidae

太平鸟 (十二黄) | Bohemian Waxwing；*Bombycilla garrulus*

具长冠羽

陈建中·摄

栖息地：平原和山区林地，市区园林也可见到。 | 全长：180mm

识别要点	体形较大且敦实，雌雄相似。全身大部粉褐色，头部顶冠具明显的长冠羽，额基、眼先、贯眼纹黑色。翅飞羽黑褐色，自第二枚以内的飞羽外缘具黄白色羽端斑，次级飞羽羽端具延伸出来的红色蜡滴状羽干斑。尾羽暗褐色，具黄色端斑。下体颏、喉部黑色，胸部灰褐色，尾下覆羽栗灰色。嘴黑色，基部蓝灰，脚黑色。
生态特征	常集群活动，聚集在树林顶端觅食，主要以植物种子和果实为食。飞行时鼓动双翅急速直飞。繁殖期在树上营巢。
分　布	国内见于东北、华北，为冬候鸟，南方地区偶见冬候。国外见于欧亚大陆北部。
最佳观鸟时间及地区	冬季：东北、华北。

伯劳科 Laniidae

红尾伯劳 [虎(Hǔ)不拉(Lǎ)]） | Brown Shrike；*Lanius cristatus*

尾羽棕褐色

赵超·摄

栖息地：农田、林缘、灌丛、低山开阔林地、湿地草丛等都有分布。 全长：200mm

识别要点	非常常见的伯劳种类。雄鸟上体多为灰褐色或红褐色，白色眉纹突出，贯眼纹黑色。翅飞羽深褐色，尾羽棕褐色。下体棕白色，两胁棕色稍深。雌鸟似雄鸟，但贯眼纹色较浅，下体多棕色的纤细鳞状横斑。嘴黑色，脚铅灰色。
生态特征	习性与牛头伯劳相似，但食物以大型昆虫为主，只是偶尔捕捉小鸟。叫声较为粗哑。繁殖期在树杈上营巢。
分　　布	在我国中东部地区广泛分布，东北、华北、华中地区多为夏候鸟和旅鸟，在华南地区为留鸟和冬候鸟。国外见于其他亚洲东部大部分地区。
最佳观鸟时间及地区	夏季：东北；春、夏、秋季：除新疆、西藏外全国各地。

棕背伯劳 [海南，海南鹛（Jue）大棕背伯劳]

Long-tailed Shrike；*Lanius schach*

背部红褐色

陈建中·摄

栖息地：山区和平原的稀疏林地、灌丛、茅草丛、农田、村落等生境。 全长：250mm

识别要点	大型的伯劳。色彩鲜艳，雌雄相似，头顶至后颈蓝灰色，前额、眼周、耳羽黑色，背部、腰红褐色。尾羽棕褐色，翅飞羽黑褐色，初级飞羽基部具白色斑块。下体较白，两胁淡红褐色。嘴、脚黑色。有些个体羽色偏黑，甚至周身黑色。
生态特征	具有伯劳的典型习性，性凶猛，常捕食较大的猎物，追捕小鸟。雄鸟繁殖期鸣声婉转悦耳，平时也多发出较为粗哑的"嘎-嘎"叫声。
分　布	在我国河北中部以南地区都有分布，且分布区还有不断向北扩展的趋势。在华北地区居留型尚不明确，在黄河以南地区为留鸟。国外见于伊朗、印度和东南亚地区。
最佳观鸟时间及地区	全年：华北以南。

楔尾伯劳（寒露）　　Chinese Gray Shrike；*Lanius sphenocercus*

翅具白斑

陈建中·摄

栖息地：农田林缘、村落附近、半荒漠生境、灌丛等地都有分布。 全长：310mm

识别要点	体形甚大。雌雄相似，头顶、后颈、肩背、腰部为蓝灰色。眉纹白，贯眼纹黑色宽阔。翅飞羽黑色具大的白色斑块。尾长、楔形，中央尾羽黑色具白色端斑，外侧尾羽白色。下体白色。嘴和脚黑色。
生态特征	大致同其他伯劳，但猎物更大，常捕捉小型鼠类、小鸟等。有时会在空中振翅定点悬停低头寻找猎物。繁殖期在树上筑巢。
分　布	国内在青藏高原东部、华中、东北北部为夏候鸟，东北南部、华北、华东和华南沿海地区为冬候鸟。国外见于西伯利亚东部、朝鲜、日本等地。
最佳观鸟时间及地区	秋、冬、春季：华北以南东部地区。

黄鹂科 Oriolidae

黑枕黄鹂(黄鹂儿，黄莺) | Black-naped Oriole; *Oriolus chinensis*

黑色贯眼纹延伸至枕后

陈建中·摄

栖息地：平原和山区的开阔林地、村落附近、城市园林也可见到。 全长：260mm

识别要点	雄鸟全身羽毛金黄，头部具黑色宽阔的贯眼纹，并向后延伸至枕后。双翅大部黑色，具黄色斑块。尾羽黑色，除中央尾羽外均具黄色宽阔的端斑。雌鸟似雄鸟，但羽色较暗淡。嘴较长，粉红色，脚铅灰色。
生态特征	成对或以家族群活动，飞行波浪状，叫声多变悦耳，也常发出似猫叫的鸣声。捕捉昆虫为食，偶尔也吃杂草种子、植物果实等。繁殖期在高大树上营巢。
分　布	国内从东北之西南以东地区都有分布，为夏候鸟，在西南南部、海南、台湾为留鸟。国外见于印度和东南亚地区。
最佳观鸟时间及地区	夏季：东北；春、夏、秋季：中东部地区。

卷尾科 Dicruridae

黑卷尾（黎鸡儿） | Black Drongo；*Dicrurus macrocercus*

尾羽长呈深叉状

虞海燕·摄

栖息地：低山和平原地区的农田、稀疏树林、村落生境。 | 全长：290mm

识别要点	中等体形，周身黑色，且上体闪蓝绿色金属光泽。尾羽长呈深叉状。嘴较大粗壮，嘴、脚黑色，虹膜红色。
生态特征	树栖鸟类，时常站在枝头寻找空中飞行的昆虫，发现目标随即飞出在空中将其捕获，主食飞行中的昆虫。飞行能力强，技巧出众。常在空中追逐驱赶飞入其巢区的猛禽。繁殖期在树上筑巢。
分　布	在我国东北南部、华北、华中、华东、华南、西南地区为夏候鸟和旅鸟，西南地区南部、海南、台湾等地为留鸟。国外见于伊朗、印度和东南亚地区。
最佳观鸟时间及地区	春、夏、秋季：东北以南地区。

发冠卷尾（水黎鸡儿） Hair-crested Drongo; *Dicrurus hottentottus*

发丝状羽毛

虞海燕·摄

栖息地：多栖息于山区开阔林地。

全长：320mm

识别要点	比黑卷尾大，且粗壮。通体黑色显蓝绿色金属光泽，尾羽尖端向上卷曲，形如竖琴，头部具发丝状羽毛。嘴较粗壮，黑色，脚黑色。
生态特征	喜欢在山区林地活动，在林间空地飞行捕捉空中的飞虫，有时集小群活动。
分　布	国内从东北地区南部至西南地区以东都有分布，为夏候鸟。国外见于印度、东南亚地区。
最佳观鸟时间及地区	春、夏、秋季：华北以南地区。

椋鸟科 Sturnidae

八哥（了哥，凤头八哥） | Crested Myna；*Acridotheres cristatellus*

额部具凤头

赵超·摄

栖息地：平原和低山区的农田、村落、稀疏林地。 全长：260mm

识别要点	通体几乎全为黑色。额部具凤头，头顶、颊、耳羽闪绿色金属光泽。初级飞羽先端和基部白色，飞羽基部的白斑在飞行时尤为明显，除中央尾羽外侧尾羽端部白色。下体尾下覆羽具白色羽端。嘴黄色，嘴基红色，脚黄色。
生态特征	结小群活动，在草地上、农田间寻找昆虫、蚯蚓等为食，常跟随在牲畜周围，啄食惊飞的昆虫，也会落到牲畜身上啄寄生虫。繁殖期在树洞中营巢。
分　布	国内见于华中以南地区，为留鸟，在北京地区也有野外种群出现，疑为笼养逃逸而成的。国外见于中南半岛地区。
最佳观鸟时间及地区	全年：华北以南地区。

黑领椋（Liáng）鸟（黑脖八哥，白头椋鸟）

Black-collared Starling; *Gracupica nigricollis*

黑色宽颈环

赵超·摄

栖息地：平原和丘陵地区的开阔农田、稀疏林地。　全长：280mm

识别要点	体形大的椋鸟。雄鸟头部白色，眼周裸露皮肤黄色，颈部具黑色宽颈环。上体背部黑色，尾上覆羽白色。尾羽黑色，羽端白色。翅黑白相间，形成3道白色翅斑，初级飞羽基部具白色斑块。下体白色。雌鸟似雄鸟，但偏褐色。嘴黑色，脚浅灰色。
生态特征	常结小群活动于农田、牧场，有时围在牲畜边找食吃，食物包括昆虫，蚯蚓，蠕虫，植物种子、果实等。
分　　布	长江以南大部分地区都有分布，为留鸟。国外见于东南亚地区。
最佳观鸟时间及地区	全年：华南各地。

粉红椋鸟（铁甲兵，绯椋鸟）　　Rosy Starling; *Pastor roseus*

腹部粉紫色

王传波·摄

栖息地：开阔的干旱草场、半荒漠生境。　　　　全长：220mm

识别要点	雄鸟头颈部黑色，肩被至尾上覆羽、胸腹部和两胁为粉紫色，翅膀、尾下覆羽和尾羽黑色。雌鸟羽色稍暗淡。
生态特征	结大群活动于干旱区的开阔地，常跟随牲畜觅食被惊飞的昆虫。主要捕捉昆虫，也吃植物种子和果实。繁殖期在土洞中集群营巢。因其嗜吃蝗虫，在部分地区（如新疆等）已用来人工招引控制蝗虫数量。
分　布	国内见于新疆西北部地区，为夏候鸟。国外见于欧洲东部、亚洲中部和西部其他地区及印度、泰国等地。
最佳观鸟时间及地区	夏季：新疆西北部。

丝光椋鸟（朱屎八哥，丝毛椋鸟） Silky Starling；*Sturnus sericeus*

额、喉灰白

赵超·摄

栖息地：农田、果园、村落、市区公园等。　　　全长：240mm

识别要点	与灰椋鸟体形相当，但整体羽色偏白。雄鸟头颈部都为白色，颈基部深灰色，上体背部至尾上覆羽浅灰色，飞羽和尾羽黑色，闪蓝绿色光泽，初级飞羽基部具白色斑块，飞行时尤为明显，下体灰白色。雌鸟似雄鸟，但羽色暗淡较偏褐。嘴橙红色，嘴端黑色，脚橙黄色。
生态特征	集群活动，有时在田地中围在牲畜周围捕捉惊飞的昆虫，食物包括昆虫、蠕虫、植物种子、果实等。性吵闹，冬季常结成百余只的大群游荡活动。繁殖期在树洞中营巢。
分　布	在我国华南以南地区都有分布，北京地区近年来也有记录，并且种群数量陆续增加，怀疑是逃逸群体野化造成的。国外见于越南、菲律宾地区。
最佳观鸟时间及地区	全年：华北以南各地。

灰椋鸟（高梁头）　White-cheeked Starling；*Sturnus cineraceus*

嘴黄色，尖端黑色

赵超·摄

栖息地：农田、稀疏林地、林缘，市区公园也可见到。　　　全长：240mm

识别要点	雄鸟头颈黑色，眼周和耳区白色。上体肩背部土褐色，尾上覆羽白色。中央尾羽黑褐色，外侧尾羽土褐色，羽端白色。翅飞羽黑褐色，下体在喉、胸、上腹和两胁为暗灰褐色，并具不甚明显的灰白色矛状斑，尾下覆羽白色。雌鸟似雄鸟，稍暗淡。嘴黄色，尖端黑色，脚橘黄色。
生态特征	非繁殖期喜集群活动，有时结成百余只的大群，在开阔草地、田野上觅食。取食昆虫、蚯蚓等，也吃植物种子和果实，有时会到树上或灌木上啄食浆果。繁殖期在树洞中营巢。
分　布	国内除新疆、西藏外各省都有分布，在东北、华北一带为夏候鸟，华北有部分为留鸟和冬候鸟，华北以南地区为冬候鸟。国外见于西伯利亚、日本及东南亚地区。
最佳观鸟时间及地区	夏季：东北；全年：余部除新疆西藏。

肩、背、尾
闪紫色光泽

苟军·摄

栖息地：开阔草场、农田、荒漠边缘、城镇等。　　全长：210mm

识别要点	体形中等。通体黑色且满布浅色点斑，头颈部闪蓝绿色金属光泽，肩、背、尾上覆羽闪紫色光泽。嘴黄色，脚暗红色。
生态特征	集群活动，在开阔地觅食植物种子和昆虫，迁徙季节结成大群。
分　布	国内在新疆西部为夏候鸟，在其他地区为不常见旅鸟。国外见于整个欧亚大陆。
最佳观鸟时间及地区	夏季：新疆。

鸦科 Corvidae

松鸦（山和尚）　　　　Eurasian Jay；*Garrulus glandarius*

黑、白、蓝三
色相间横斑纹

赵超·摄

栖息地：山区针叶林、针阔混交林。　　全长：350mm

识别要点	体形中等，显得较粗壮。头部粉褐色，头顶具黑色的细纵纹，髭纹黑色。上体大部黄褐色，下腰和尾上覆羽近白色，尾羽黑褐色。翅飞羽黑色，具白斑，飞羽基部具黑、白、蓝三色相间的横斑纹。下体褐色较浅且偏紫，下腹和尾下覆羽白色。嘴黑色，脚肉褐色。
生态特征	在山区针叶林中活动，成对或结小群活动，性嘈杂喧闹。食性杂，食物包括植物种子、果实，庄稼作物，昆虫，腐肉等。繁殖期在高树顶端隐蔽处筑巢。
分　布	国内见于东北、华北、华中、华东、华南、西南、新疆北部地区，为留鸟。国外见于欧洲大部分地区、非洲西北部、东南亚、日本、朝鲜等地。
最佳观鸟时间及地区	全年：见于全国大部分地区。

灰喜鹊 [山喜雀（Qiǎo）] Azure-winged Magpie；*Cyanopica cyana*

肩背部灰色，翅膀蓝色

吴秀山·摄

栖息地：多分布于林地生境，尤其是针叶林中分布较多。在果园、苗圃以至城市园林中都有栖息。

全长：360mm

识别要点	比喜鹊稍小。雄鸟头部大部分区域和后颈为黑色。肩背部灰色，翅膀蓝色，尾羽蓝色，羽端具白色斑块。下体喉部和腹中央为白色，余部浅灰色。嘴和脚黑色。雌鸟和雄鸟相似。
生态特征	集大群活动，性吵闹。一旦受到惊吓，会突然惊叫然后迅速散飞开。食性杂，包括植物果实、昆虫、人丢弃的食物碎屑等。飞行时振翅快速，会做长距离的滑行。集群营巢繁殖，巢多为与高大乔木树权分支处。
分　　布	国内分布于东北、华北、华中和华东地区，为各地区的留鸟。国外见于东北亚地区。
最佳观鸟时间及地区	全年：除西部地区外的北方大部地区。

红嘴蓝鹊 [麻喜鹊，长尾（Yǐ）巴帘子]

Red-billed Blue Magpie; *Urocissa erythrorhyncha*

嘴鲜红色

张瑜·摄

栖息地： 主要栖息于山区和丘陵林地中，在平原地区针叶林生境中也有分布。

全长： 680mm

识别要点	羽色艳丽的鹊类。头、颈和前胸黑色，顶冠各羽羽端灰白色，形成一大块灰白色斑块。上体在背部、肩部呈蓝灰色，尾上覆羽蓝色，端部具白斑，尾羽淡蓝灰色，具白色端斑和黑色次端斑，中央一对尾羽特别长。翅膀飞羽蓝色，羽端白色。下体胸部以下为白色。嘴红色非常鲜艳，脚暗红色。
生态特征	喜集小群活动，飞行时交替扇翅和滑翔动作，成大波浪状前进，尾羽上下飘荡，十分美丽。鸣声多样，平时也较为嘈杂。食性杂，食植物种子、嫩芽、果实，昆虫、蛇、蛙、小哺乳动物，人类食物垃圾等几乎无所不吃。繁殖期成对活动，筑巢于高大乔木上端。
分　布	在我国从东、北部至西南地区以东的范围内都有分布，为留鸟。国外见于缅甸、印度东北部和中南半岛地区。
最佳观鸟时间及地区	全年：华北以南各地。

喜鹊 [喜雀（Qiǎo），大喜雀（Qiǎo）]

Black-billed Magpie; *Pica pica*

腹部白色

栖息地：平原、山区林地、农田、城镇。　　　全长：450mm

吴秀山·摄

识别要点	大型的鸣禽。雌雄同色。羽色主要为黑白两色，肩部和胸腹部为白色，两翅初级飞羽内羽白色，外羽及羽端黑色。其余部位黑色，多闪蓝色金属光泽。尾长，黑色。
生态特征	多成对或集小群活动，叫声响亮粗哑，为单调的"喳喳"声，鸣叫时常伴随着扬起尾巴。食性杂，包括谷物、植物果实、昆虫、小动物、人类食物垃圾等几乎无所不吃。冬季常在开阔地结成大群。领域意识强，若遇到猛禽飞临会主动驱逐。多营巢于高大乔木的顶端。
分　布	全国范围都有分布，为留鸟。国外见于欧亚大陆其他地区，北非、北美洲的部分地区。
最佳观鸟时间及地区	全年：全国各地。

尾白色或淡沙棕色

苟军·摄

栖息地：荒漠灌丛、沙地绿洲边缘。　　　全长：290mm

识别要点	小形鸦类，雌雄相似。与黑尾地鸦极其相似。通体沙褐色。前额、头顶至后颈为黑色。眼先、眼周、头侧及颈呈淡的沙棕色。鼻孔毛沙棕色，长达8~9mm。上体大部淡沙棕色，外侧初级飞羽先端黑色，中部具大形白斑，基部黑褐色。次级飞羽蓝紫黑色，羽端白色，三级飞羽沙褐色。尾羽白色，中央一对尾羽具黑色羽干纹。下体颏、喉及面颊泛黑色，羽缘沙褐色。胸、腹及腿覆羽沙棕色，尾下覆羽白色或淡沙棕色。嘴、脚黑色。
生态特征	成对或结小群活动，善于在沙地上奔跑，很少长距离飞行。觅食植物种子、昆虫、蜥蜴等。繁殖期在沙地灌丛中营巢。
分　　布	为我国特有种，只在新疆地区有分布，为留鸟。
最佳观鸟时间及地区	全年：新疆中西部。

褐背拟地鸦 Hume's Ground Jay; *Pseudopodoces humilis*

上体沙灰色

赵超·摄

栖息地：海拔2800～5500m的温性草原、高寒草甸和高寒荒漠环境。 全长：190mm

识别要点	体形较小，上体沙灰色，眼先具褐色斑纹。翅飞羽暗灰色，羽缘色淡，中央尾羽褐色，外侧尾羽黄白色。下体污白色。嘴和脚黑色。
生态特征	性机警、活跃，行走时双脚跳跃，喜站立地表高处瞭望。两翼及尾抽动有力。飞行能力较差，两翼不停地扑打。喜伴随放牧的畜群和牧民聚居点活动。杂食性，偏肉食性。常在寺院或住宅附近挖洞营巢。
分　布	为我国特有鸟。见于青藏高原、新疆西南部、甘肃、宁夏、四川西部、云南东北部，为留鸟。
最佳观鸟时间及地区	全年：青海、西藏。

密布白色斑点

张永·摄

栖息地：栖息于海拔较高的针叶林、针阔混交林中。　全长：330mm

识别要点	中等体形，通体深褐色，密布白色斑点，尾下覆羽白色，翅飞羽和尾羽闪蓝绿色光泽。嘴和脚黑色。
生态特征	活动于较高海拔的针叶林、针阔混交林中，单只或结小群活动，叫声较为干哑，飞行成有规律的波浪状。取食植物种子、果实，也吃昆虫。繁殖期在高树上筑巢。
分　布	国内分布于东北、华北、华中、西南地区、新疆西北部，为留鸟。国外见于欧亚大陆北部向东至日本的大片地区。
最佳观鸟时间及地区	全年：东北至西南一线各地。

红嘴山鸦（红嘴老鸹，红嘴乌鸦）
Red-billed Chough；*Pyrrhocorax pyrrhocorax*

嘴较长向下弯曲，红色

栖息地：常栖息中高海拔的山区，在较低海拔的农场等处也有分布。 全长：450mm

识别要点	较大形的鸦类。通体黑色，在翅背部闪蓝色金属光泽。嘴较长向下弯曲，红色；脚红色。
生态特征	常结成大群在山谷间飞翔，边飞边叫，叫声尖锐响亮。取食植物种子、嫩芽和果实，也会捕食昆虫和虫卵等。繁殖期集群营巢在海拔较高的山崖上。
分　布	在我国新疆、西藏、青海、四川、甘肃、内蒙古、陕西、山西、山东、河北、辽宁等地都有分布，各地均为留鸟。国外见于蒙古、俄罗斯南部和中东地区。
最佳观鸟时间及地区	全年：见于我国北方大部地区。

达乌里寒鸦（寒鸦儿） Daurian Jackdaw; *Corvus dauuricus*

后颈到前胸有大面积白色区域

栖息地：栖息于开阔农田、村落附近、稀疏林地、草原等处。　全长：320mm

识别要点	体形中等偏小的鸦类。羽色黑白相间。从后颈到前胸有较大面积的白色区域，其余部分为黑色，略具蓝色金属光泽。嘴和脚黑色。
生态特征	喜结大群活动，特别是在冬季常集成数百只甚至上千只的大群觅食，食性广，食物包括植物种子、幼苗、腐肉、昆虫等。大群飞行的时候常伴有鸣叫，叫声尖锐。繁殖期在树洞或岩洞中营巢。
分　　布	国内除西部地区外都有分布，在东北北部为夏候鸟，东北南部部分地区为旅鸟，华北、华中、西南地区为留鸟，华东、华南部分地区为冬候鸟。国外见于西伯利亚东部、朝鲜、日本等地。
最佳观鸟时间及地区	秋、冬、春季：华北、西南大部地区。

嘴基部裸露、皮肤浅灰色

王传波·摄

栖息地：多栖息于低山和平原地区的农田、稀树草地等生境，在有些地区夜间会到市区绿化带的乔木上集群过夜。

全长：480mm

识别要点	全身黑色，具紫色金属光泽。嘴黑色，较细而直，嘴基部裸露皮肤浅灰色。脚黑色。
生态特征	喜结群活动，繁殖期常三五成群活动，冬季还会和其他鸦类混群，有时达数百只。多在地面觅食，食性杂，食物包括多种植物种子、昆虫等。繁殖期集群在树顶端营巢。
分　布	国内分布于东北、华北、华中、华东、华南沿海地区和新疆西部。北方多为夏候鸟和留鸟，华南沿海地区为冬候鸟。国外见于欧洲、中东和东亚地区。
最佳观鸟时间及地区	夏季：东北；全年：华北、华中。

小嘴乌鸦（老呱儿）　　Carrion Crow：*Corvus corone*

嘴上缘与头顶无明显转折

陈建中·摄

栖息地：山区、平原农田、村落、果园、城区都有栖息。　　全长：500mm

识别要点	大型的鸦类。通体黑色，略具蓝色金属光泽。嘴黑色，较粗大，嘴上缘与头顶无明显转折，脚黑色。
生态特征	喜结群活动，在非繁殖季常结成大群，在较开阔的农田、村落附近、垃圾场等处觅食，食性杂，食物包括各种植物果实、种子、昆虫、腐肉、小动物、人类食物垃圾等。繁殖期在崖壁上或高大树木顶端筑巢。叫声为粗哑响亮的"啊-啊"声。在一些城市中常结群在市区行道树上过夜。
分　　布	在我国新疆北部、华中、西南南部、东北、华北北部为留鸟，华东地区、云贵地区为旅鸟，华南南部为冬候鸟。国外见于欧亚大陆、非洲东北部和东亚地区。
最佳观鸟时间及地区	全年：北方大部地区。

大嘴乌鸦（老呱儿）　Large-billed Crow；*Corvus macrorhynchos*

嘴上缘与前额交界处
有明显折角

张瑜·摄

栖息地：山林、低地农田、林地、村落附近、市区绿化带、垃圾场等处栖息。

全长：500mm

识别要点	体形大小与小嘴乌鸦十分相似，唯嘴部更为粗壮，且嘴上缘与前额交界处呈现出明显的折角。
生态特征	与小嘴乌鸦习性相似，但少结群，常成对或结小群活动。叫声响亮而不似小嘴乌鸦那样带沙哑。繁殖期多在高大乔木上营巢。
分　布	国内除西藏部分地区、新疆和内蒙古北部外，都有分布，为留鸟。国外见于中亚和东南亚地区。
最佳观鸟时间及地区	全年：除新疆外的大部地区。

渡鸦 | Common Raven；*Corvus corax*

喉部羽毛长
呈锥针状

赵超·摄

栖息地：栖息于较高海拔的开阔山区。　　　　　全长：660mm

识别要点	大型的鸦类。通体黑色，嘴黑色，甚粗厚，头显得较大，脚黑色。
生态特征	成对或结小群活动，偶尔也集成较大的群体。常在空中翱翔或翻滚飞行。食性杂，包括植物种子、果实，动物尸体，小动物等都会取食。
分　　布	国内见于西部地区和内蒙古，为留鸟。国外见于北美洲及欧亚大陆其他地区。
最佳观鸟时间及地区	全年：华北至西南以北。

河乌科 Cinclidae

| 褐河乌（小乌鸦，小水乌鸦） | Brown Dipper; *Cinclus pallasii* |

——周身黑褐色

沈越 摄

| 栖息地：海拔3500m的山区溪流、河谷。 | | 全长：230mm |

识别要点	全身羽毛几乎为一致的黑褐色，眼圈白色。嘴和脚黑褐色。
生态特征	常成对活动，在山区溪流河谷附近栖息。常见立于水中岩石上，能游泳，通常潜入水中在水底行走捕捉水生昆虫、小鱼虾等。繁殖期在溪流附近岩石缝隙或溪流旁树根隐蔽处营巢。
分　　布	见于我国东北东部、华北以南各地、新疆西北部，为留鸟，也见于喜马拉雅山脉、南亚。
最佳观鸟时间及地区	全年：除海南外全国各地。

鹪鹩科 Troglodytidae

| 鹪(Jiào)鹩(Liáo)（山蝈蝈，巧妇） | Wren；*Troglodytes troglodytes* |

尾短，站立
时常上翘

赵超·摄

栖息地：山区多岩石的溪流附近、沟谷灌丛，迁徙季节也见于平原地区的农田沟
渠灌丛生境。

全长：100mm

识别要点	体形小而短圆。全身褐色，密布黑褐色横斑，尾短，站立时尾常上翘。嘴和脚褐色。
生态特征	单独活动，常活动于山区溪流边沟谷灌丛中，活泼好动，运动时尾不停地上翘。捕捉昆虫为食。繁殖期在灌丛、枯枝堆、树洞中、岩石缝隙营巢。
分　布	国内在东北、华北、华中、西北地区、西南地区为留鸟，在华东和华南沿海地区为冬候鸟。国外见于日本、朝鲜、印度、缅甸、俄罗斯、欧洲大部、北美洲、非洲北部。
最佳观鸟时间及地区	全年：全国大部。

岩鹨科 Prunellidae

棕眉山岩鹨(Liù)(铃铛眉子) | Mountain Accentor; *Prunella montanella*

眉纹棕黄

沈越·摄

栖息地：山区丘陵岩石灌丛，林缘。　　　　　　全长：150mm

识别要点	雄鸟头顶、脸侧、眼周黑褐色，侧冠纹黑色，眉纹棕黄，颈侧暗灰色。后颈、肩背部栗红色，具黑褐色羽干纹，翅飞羽和尾羽黑褐色。下体颏、喉、胸部棕黄色，腹部至尾下覆羽皮黄色，两胁具栗褐色纵纹。雌鸟似雄鸟，但羽色较暗淡。嘴暗褐色，脚黄褐色。
生态特征	结小群活动，在山区丘陵岩石、灌丛间觅食，食物包括昆虫、虫卵、植物种子等。繁殖期在树上营巢。
分　布	国内在东北北部为旅鸟，东北南部、华北地区为冬候鸟。国外见于西伯利亚、朝鲜、日本。
最佳观鸟时间及地区	秋、冬、春季：东北华北。

白色眉纹较粗

赵超·摄

栖息地：中高海拔山区的开阔灌丛石坡，在人居住区附近也可见到。　全长：150mm

识别要点	头顶、眼周、脸颊褐色，白色眉纹较粗，上体灰褐色，具深褐色纵纹；下体棕白色，胸和两胁沾粉色。嘴黑色，脚棕褐色。
生态特征	多单独或成对活动。在开阔灌丛或岩石坡觅食，取食昆虫、植物种子等。不甚畏人。繁殖期在石堆中营巢。
分　布	见于我国新疆、西藏、四川、甘肃、青海、内蒙古、陕西，为留鸟。也见于中亚及喜马拉雅山脉其他地区、西伯利亚等地。
最佳观鸟时间及地区	全年：西北地区。

鸫科 Turdidae

蓝喉歌鸲(Qú)（蓝靛儿） | Bluethroat；*Luscinia svecicus*

喉胸部有蓝色和栗红色相间的图案

沈越·摄

栖息地：近沼泽湿地的灌丛、林缘草丛。 | 全长：140mm

识别要点	体形中等，雄鸟色彩艳丽，上体自额部至尾上覆羽暗褐色，眉纹白，眼先、耳羽灰褐色。翅飞羽暗褐色，中央一对尾羽黑褐色，外侧尾羽先端黑褐色，基部栗红色。下体颏部白色，颊纹白，下颊染蓝色，喉、胸部有蓝色和栗红色相间的图案。腹部苍白色，两胁灰褐色。雌鸟似雄鸟，但羽色较暗淡。嘴黑色，脚肉褐色。
生态特征	常活动于近水沼泽的暗灌丛或苇丛地面上，性隐蔽，穿梭于茂密的草丛间不易见到，常不断地停下来作出抬头并打开尾羽的动作。主要捕捉昆虫为食，偶尔也吃植物种子。叫声悦耳动听。繁殖期在灌丛或草丛地面上营巢。
分　布	几乎全国范围内都有分布，在东北北部、新疆西北部为夏候鸟，华南南部和西南南部为冬候鸟，其他大部分地区为旅鸟。国外见于欧亚大陆、印度和东南亚，阿拉斯加。
最佳观鸟时间及地区	春、秋季：东部大部地区。

蓝歌鸲（蓝靛干杠儿） Siberian Blue Robin；*Luscinia cyane*

上体亮蓝色

舒晓南·摄

栖息地：平原至中低海拔山区的林下灌丛、溪流附近的灌草丛，市区园林也可见到。

全长：140mm

识别要点	雄鸟上体自头顶至尾上覆羽包括翅膀均为亮蓝色，眼先、颊部黑色，向后延伸至胸侧。尾羽黑褐色，下体白色，两胁和覆腿羽蓝色。雌鸟上体橄榄褐色，尾上覆羽浅蓝色，尾羽黑褐，下体棕白色，两胁橄榄褐色。嘴黑褐色，脚肉粉色。
生态特征	单独或成对活动，性隐蔽，不易见到。通常都在茂密而潮湿的灌丛下穿梭觅食，尾羽常上下扭动。捕捉昆虫，偶尔也吃植物种子。繁殖期在地面营巢。
分　　布	国内在东北和华北北部繁殖，华北、华中、华南和西南地区为旅鸟，少数在东南沿海越冬。国外见于东北亚、印度、东南亚地区。
最佳观鸟时间及地区	春、秋季：东部大部地区。

红胁蓝尾鸲 [蓝尾（Yǐ）巴根儿，大眼贼，大眼贼子]
Red-flanked Bush Robin; *Tarsiger cyanurus*

胁部橙红色

王吉衣·摄

栖息地：山地和平原地区的林地、林缘、灌丛、果园，市区园林也有分布。

全长：140mm

识别要点	雄鸟头顶、脸侧、肩背部至尾上覆羽灰蓝色，尾羽黑褐色，羽缘蓝色；翅飞羽蓝褐色；眉纹白色，下体颈、喉部白色，胸部略灰色，两胁橙红色，下体余部白色。雌鸟除尾羽淡灰蓝色外，余部相应于雄鸟蓝色的区域为褐色。嘴黑色，脚灰色。
生态特征	单独或成对活动，常在树杈间和地面上跳跃觅食，停歇时尾羽常上下不停地摆动。主要捕捉昆虫为食，偶尔吃植物种子和果实。繁殖期在地面营巢。
分　布	国内在黑龙江、青海东部、甘肃南部、陕西南部、四川、西藏东部为夏候鸟，在云南西北部和西藏东南部地区为留鸟，东北南部、华北、华中地区为旅鸟，南方为冬候鸟。也见于东北亚、喜马拉雅山脉和东南亚地区。
最佳观鸟时间及地区	夏季：东北、华北；秋、冬、春季：华北以南大部。

翅具一大的白色
斑块

赵超·摄

栖息地：中低海拔的山区林缘、村落附近，尤喜在村落菜地、厕所、猪舍等附近活动。

全长：210mm

识别要点	体形较大的黑白色鸲。雄鸟头胸部、肩、背至尾上覆羽都为黑色，闪蓝色光泽，中央2对尾羽黑色，外侧尾羽白色。翅飞羽黑褐色，内侧具一大的白色斑块，下体腹部和尾下覆羽白色。雌鸟似雄鸟，但羽色较暗淡，头胸部为青灰色，两胁和尾下覆羽浅棕色。嘴和脚黑色。
生态特征	常活动于村落附近的围墙、屋顶上、菜地篱笆前，性活泼，静立时常展翅翘尾，善鸣叫，叫声婉转动听，常被捕做笼养。食物主要为昆虫，特别爱在厕所、粪堆、猪舍附近捕捉蝇类和蛆，偶尔也吃植物种子。繁殖期在树洞中、房屋瓦砾下营巢。
分　布	国内在华中、华东、华南和西南地区都有分布，为留鸟。国外见于印度和东南亚地区。
最佳观鸟时间及地区	全年：南方各地。

北红尾鸲 [倭（Wō）瓜燕儿]

Daurian Redstart; *Phoenicurus auroreus*

翅具白斑

王吉衣·摄

栖息地：平原和山区的林地、林缘、灌丛、城市园林中也可见到。 全长：150mm

识别要点	中等体形的鸲类。雄鸟头顶至后颈为苍灰色，肩背黑褐色，尾上覆羽棕红色。中央一对尾羽暗褐色，外侧尾羽棕红。翅飞羽黑褐色，翅上具较大的白色斑块，头侧、颏、喉和胸部黑色，下体余部棕红色。雌鸟通体大部橄榄褐色，也具白色翅斑，尾羽棕红。嘴和脚黑色。
生态特征	单独或成对活动，常立于枝头不断地抖动尾巴。取食昆虫、植物种子和果实。繁殖期在石缝、墙壁洞穴中筑巢。
分　布	国内除新疆、西藏西部外见于各地。在东北、华北、华中地区西部为夏候鸟和旅鸟，少量冬候，华南、华东、西南大部分地区为冬候鸟。国外见于东北亚、日本、中南半岛地区等。
最佳观鸟时间及地区	夏季：东北；全年：华北以南大部。

蓝额红尾鸲（中国蓝额）Blue-fronted Redstart；*Phoenicurus frontalis*

额和眉纹钴蓝色 ——

沈越·摄

栖息地：较高海拔的山坡灌丛、草地、果园。　　全长：160mm

识别要点	雄鸟头、颈、胸、上背深蓝色，额和眉纹钴蓝色，不甚明显。两翅黑褐色，尾羽黑褐色，外侧尾羽基部具大的棕红色斑，腹部、背和尾上覆羽橙褐色。雌鸟头、颈、上背、下体灰褐色，余部似雄鸟。嘴和脚黑色。
生态特征	单独或成对活动，迁徙时结小群。常站在灌丛枝头突出处，尾部上下抖动，从栖处飞扑出去捕捉昆虫，也吃植物果实。
分　布	见于我国西藏、青海、甘肃、宁夏、陕西南部、四川、贵州、云南，为留鸟和夏候鸟。也见于喜马拉雅山脉、缅甸、中南半岛地区。
最佳观鸟时间及地区	全年：甘肃、四川、西南地区。

红尾水鸲(石燕儿) Plumbeous Water Redstart; *Rhyacornis fuliginosus*

尾羽棕红色

赵超·摄

栖息地：海拔800～4000m的山区溪流岩石滩附近。　全长：140mm

识别要点	体形较小，雄鸟除腰、臀和尾羽栗红色，其余部位色深青灰色，头部眼先色较深，翅飞羽黑褐色。雌鸟上体青褐色，尾上覆羽白色，尾羽棕红色，羽基白色，十分显眼，下体灰白色，深灰色羽缘组成较密的横纹。嘴黑色，脚褐色。
生态特征	单只或成对活动于山间溪流岸边或岩石堆间，叫声为响亮的"吱吱"声，常边飞边叫，站立时常摆动尾羽。食物主要为昆虫，也吃植物种子、浆果等。繁殖期在山间溪流岩石缝中营巢。
分　布	国内从华北以南（包括华北北部）各地都有分布，为留鸟。也见于巴基斯坦、喜马拉雅山脉其他地区和中南半岛北部。
最佳观鸟时间及地区	全年：华北及以南地区。

白顶溪鸲（白顶溪红尾，白顶水，看水童子）
White-capped Redstart; *Chaimarrornis leucocephalus*

头顶白色

栖息地：低山区至较高海拔山区的多砾石的溪流附近。　　全长：180mm

识别要点	体形较大的鸲类，雌雄相似。头顶至后枕部白色非常显著，脸侧、肩背部、颏、喉和胸部黑色，尾上覆羽深栗红色。翅飞羽黑褐色，尾羽栗红色，羽端黑色。下体自腹部至尾下覆羽栗红色。嘴和脚黑色。
生态特征	常单独活动于山区溪流旁的岩石堆上，飞行快速，常边飞边叫，飞落后不停地点头并抖动尾羽。主要捕捉昆虫为食，也吃植物种子。繁殖期在溪流延岸石缝中营巢。
分　布	国内在华北、华中、西南地区和西藏南部为留鸟，华东部分地区为夏候鸟，华南南部为冬候鸟。也见于中亚、喜马拉雅山脉其他地区、印度和中南半岛地区。
最佳观鸟时间及地区	全年：华北至西南地区。

白额燕尾（小剪尾，点水鸦雀）

White-crowned Forktail; *Enicurus leschenaulti*

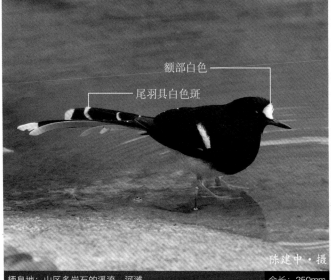

额部白色

尾羽具白色斑

陈建中·摄

栖息地：山区多岩石的溪流，河滩。　　　全长：250mm

识别要点	身体黑白相间，额部白色，头、颈、肩、背、胸部黑色，腰白色，尾羽黑色，具白色端斑和横斑。翅黑色，内侧飞羽羽端白色，翅上具一道宽的白色翅斑，下体余部白色。嘴黑色，脚肉粉色。
生态特征	单独或成对活动于山间多岩石的溪流附近，活泼好动，飞行呈波浪状，边飞边叫，叫声尖锐。在岩石上或溪流边行走觅食昆虫。
分　布	国内见于华北以南地区，为留鸟。国外见于印度北部、东南亚地区。
最佳观鸟时间及地区	全年：黄河以南各地。

黑喉石䳭（jí）（石栖鸟，谷尾鸟，黑喉鸲）
Stonechat; *Saxicola torquata*

头大部分黑色

苟军·摄

栖息地：开阔农田、草地、稀疏灌丛。　　　　　　全长：140mm

识别要点	雄鸟头大部黑色，头顶后部至后颈、背部黑褐色，羽缘棕色，腰和尾上覆羽白色，尾羽黑褐色，羽缘色浅；翅飞羽黑褐色，外缘棕色，翅上具一显著的白色斑块。下体胸部和两胁棕红色，颈侧有一白斑，腹部白色。雌鸟整体偏褐色。嘴、脚黑色。
生态特征	单独或成对活动，常站立在低矮灌丛枝头，飞下捕捉地面的昆虫，有时也会捕捉路过的飞虫，然后再返回栖息处。主要吃昆虫，偶尔吃少量杂草种子。繁殖期在石坡缝隙凹陷处营巢。
分　布	国内在东北、华中、西南地区、新疆北部、西藏东部为夏候鸟，东部大部分地区为旅鸟，东南地区有越冬个体。国外见于欧亚大陆、非洲。
最佳观鸟时间及地区	春、夏、秋季：全国大部；冬季：华南。

穗鹎（麦穗，石栖鸟）　　　Wheatear；*Oenanthe oenanthe*

黑色贯眼纹

张瑜·摄

栖息地：开阔原野、草原、半荒漠草地灌丛。　　全长：150mm

识别要点	体小，腹部显得较粗胖。雄鸟头顶至背部蓝灰色，具白色眉纹和黑色贯眼纹。腰白，尾羽黑而外侧尾羽具白色基部。翅黑褐色，下体颏、喉、胸部棕黄，腹部皮黄，尾下覆羽白色。雌鸟似雄鸟，但羽色较暗淡，深色区域为灰褐色。嘴和脚黑色。
生态特征	单独或成对活动，站立时姿态挺拔，在地面多跳跃行走，然后站立寻找食物，捕食昆虫为主，也吃少量植物种子。繁殖期在地面土坡石缝中营巢。
分　布	国内见于新疆北部、内蒙古、陕西、山西北部、河北北部、东北地区西北部，为夏候鸟。国外见于欧亚大陆北部、非洲。
最佳观鸟时间及地区	春、夏、秋季：新疆、内蒙古。

鸟类识别　219

白顶鵖（黑喉白顶白头，白朵朵）

Black-eared Wheatear; *Oenanthe hispanica*

头顶至后颈白色

赵超·摄

| 栖息地：干旱较贫瘠的多卵石草地、村落附近、农田。 | 全长：150mm |

识别要点	雄鸟头顶至后颈白色，脸侧、颈侧、喉部黑色，上体肩背部、翅膀黑色，尾上覆羽白色，尾羽黑色，外侧尾羽基部具大白斑，飞行时十分明显。下体余部白色，胸部微沾浅沙褐色。雌鸟头部、上体褐色，羽缘色浅，翅暗褐色，羽缘黄白色，两胁棕黄，余部似雄鸟。嘴和脚黑色。
生态特征	栖息于较为开阔的生境，常站立在较突出的灌丛枝头或突出的石块、土堆上，伺机飞出捕捉昆虫，主要以各种昆虫为食。繁殖期在石头缝隙中营巢。
分　布	国内从新疆北部向东至辽宁地区都有分布，为夏候鸟。国外见于阿拉伯、中东、蒙古、非洲东北部。
最佳观鸟时间及地区	春、夏、秋季：华北、新疆、内蒙古。

沙鹏（黄褐色石栖鸟）

Isabelline Wheatear；*Oenanthe isabellina*

眉纹乳白色

栖息地：半干旱地区的矮灌丛、荒漠草场。 全长：160mm

沈越·摄

识别要点	体形稍大，雌雄相似。上体头顶至肩背部沙褐色，略偏粉，具乳白色眉纹和不甚明显的棕色贯眼纹，尾上覆羽白色，尾羽黑，外侧尾羽基部白色。翅褐色，羽缘灰褐色。下体颏、喉部白色沾黄色，前颈、胸部棕黄，腹部尾下覆羽乳白色。嘴和脚黑色。
生态特征	似穗鹏，但站立时身体更直。
分布	见于新疆、青海、甘肃、山西北部、内蒙古，为夏候鸟。也见于欧洲东南部、中东、喜马拉雅山脉西北部、俄罗斯东南部、蒙古、印度西北部、非洲中部。
最佳观鸟时间及地区	春、夏、秋季：华北、新疆、内蒙古。

蓝矶（Jī）鸫（Dōng）(石青儿)

Blue Rock Thrush；*Monticola solitarius*

通体蓝色——

栖息地：多岩石的山区林地，溪流附近。 全长：230mm

沈越·摄

识别要点	雄鸟羽色艳丽，通体蓝色或头颈、肩背、喉胸部都为蓝色。飞羽和尾羽黑褐色，下体自下胸部以下为栗红色。雌鸟整体偏黄褐色，下体密布深色横纹。嘴和脚黑褐色。
生态特征	单独活动，常立于突出的岩石上或枝头，飞落到地面上捕捉昆虫，食物主要为各种昆虫。叫声悦耳。繁殖期在石缝间筑巢。
分　布	国内在东北和华北地区为夏候鸟，华北以南大片地区和新疆西北部为留鸟。国外广泛分布于欧亚大陆和东南亚。
最佳观鸟时间及地区	春、夏、秋季：东北、华北；全年：华北以南地区。

紫啸鸫（鸣鸡儿）　Blue Whistling Thrush；*Myophonus caeruleus*

浅色点状斑

赵超·摄

栖息地：山间溪流附近的岩石、灌丛。　　　　全长：300mm

识别要点	体形较大，全身羽毛深蓝紫色，并具闪亮的浅色点状斑。嘴黑色或黄色，脚黑色。
生态特征	单独活动，多在山间溪流旁的岩石灌丛中寻觅食物，叫声为洪亮的"嘀-嘀-嘀"声，站立时常做出打开尾羽的动作。食物主要为昆虫，也食野生浆果。繁殖期在溪流旁石缝间筑巢。
分　布	国内在新疆西部为冬候鸟，华北至西南大部为夏候鸟，西南部分地区为留鸟。国外见于欧亚大陆和东南亚地区。
最佳观鸟时间及地区	春、夏、秋季：华北及以南地区。

密布鳞状斑

沈越·摄

栖息地：平原至中海拔山区的林地，一些市区公园也有分布。　全长：280mm

识别要点	体形较大的地鸫，雌雄相似。上体均呈橄榄褐色，各羽具黑色端斑和浅棕色次端斑。眼先和眼周白色，耳羽具黑色端斑，形成一道斑纹。翅飞羽黑褐色，具一道白色翅斑。尾羽橄榄褐色，具小的白色端斑。下体在颏、喉部棕白色，具黑色髭纹，胸腹和尾下覆羽白色，羽缘黑色。嘴暗褐色，脚肉色。
生态特征	常单独活动，在密林和灌丛下地面上穿行觅食，行动隐蔽，不易发现。食物包括昆虫，也吃植物种子和果实。繁殖期在树上营巢。
分　　布	全国范围都有分布，在东北北部和西南地区为夏候鸟，华东南部、华南地区为冬候鸟，其他地区为旅鸟。国外见于欧洲、亚洲各处。
最佳观鸟时间及地区	春、秋季：除新疆西藏大部地区；冬季：华南。

乌鸫（白舌，反舌，黑鸟）　　Blackbird；*Turdus merula*

嘴黄色

全身黑色

赵超·摄

栖息地：多种类型的林地、林缘、村落树林中，城市园林中也可见到。 全长：290mm

识别要点	中等体形。雄鸟全身黑色，雌鸟偏褐色。嘴和眼圈黄色，脚黑色。
生态特征	喜结群活动，较为吵闹。主要在地面觅食，翻找蚯蚓等无脊椎动物，也会取食植物种子和果实。繁殖期在树上营巢。
分　布	国内除东北、内蒙古和新疆北部、西藏西部地区外都有分布，为留鸟。国外见于欧亚大陆、北非、中南半岛地区。
最佳观鸟时间及地区	全年：除东北外大部地区。

鸟类识别 225

赤颈鸫（红脖子穿草鸡儿） Dark-throated Thrush；*Turdus ruficollis*

颏、喉及胸
部栗红色

栖息地：平原和丘陵山区稀疏林地、林缘、灌丛，城市园林也可见到。 全长：250mm

张永·摄

识别要点	雄鸟自头顶至尾上覆羽灰褐色，眉纹锈红色，眼先深褐色，眼后、耳羽灰褐色。翅飞羽灰褐色，中央尾羽灰褐，外侧尾羽棕栗色。下体颏、喉及胸部栗红色，余部灰白色，两胁略具纵纹。雌鸟羽色稍暗淡，喉、胸部多深色纵纹。嘴黑褐色，下嘴基黄色；脚暗褐色。
生态特征	单独或成小群活动，也常与斑鸫混群活动。在地面和树上觅食，常站立不动注视地面寻找食物，食物包括昆虫、蚯蚓、植物种子、果实等。繁殖期在树上或地面营巢。
分　布	在我国西北部分地区为夏候鸟，华中、西南、东北、华北为旅鸟，西南南部为冬候鸟。也见于亚洲中北部和喜马拉雅山脉。
最佳观鸟时间及地区	秋、冬、春季、北方大部地区。

斑鸫（穿儿鸡儿，穿草鸡儿） Dusky Thrush; *Turdus naumanni*

黑色纵纹

栖息地：平原和低山地区较为开阔的草地、田野，市区公园也有分布。 全长：250mm

赵超·摄

识别要点	雄鸟头顶之后颈、耳羽黑褐色，羽缘灰色，眼先黑色，眉纹污白色。上体肩背部黑褐色，羽缘浅棕色，腰和尾上覆羽棕褐色。翅上覆羽棕褐色，飞羽和尾羽黑褐色。下体颊、喉部淡棕白色，具黑色纵纹，胸、腹灰白色，各羽中央具宽黑斑。雌鸟似雄鸟，稍暗淡。嘴黑褐色，下嘴基色浅，脚淡褐色。
生态特征	单独或集群活动，在草地上穿梭觅食，也常与其他鸫类混群。食物包括昆虫、植物种子、果实等。繁殖期在树上或地上筑巢。
分　布	国内除西藏外见于各省，北方多为旅鸟，南方为冬候鸟。国外见于东北亚地区。
最佳观鸟时间及地区	秋、冬、春季：北方大部；冬季：南方地区。

宝兴歌鸫（歌鸫，花穿草鸡儿）

Chinese Thrush；*Turdus mupinensis*

翅上具两道白色翅斑

舒晓南·摄

栖息地：低地至中海拔山区的针阔混交林、针叶林。 全长：230mm

识别要点	体形中等。上体橄榄褐色，眼先、眼周、眉纹、颊部和颈侧淡棕白色，耳羽各羽具黑色羽端，在耳羽区后缘形成显著的黑色斑块。翅上具两道白色翅斑，翅飞羽和尾羽暗褐。下体颏、喉部棕白色，喉部缀黑斑，下体余部白色，满布黑色点斑。嘴暗褐色，下嘴基淡黄，脚肉褐色。
生态特征	单独或结小群活动，在山区林地灌丛穿梭，觅食各种昆虫和植物果实，繁殖期在树杈间营巢。
分　布	为我国特有种，见于河北、陕西南部、甘肃、四川、云南，北方为夏候鸟，南方多为留鸟。
最佳观鸟时间及地区	全年：中部地区。

鹟科 Musciapidae

乌鹟（Wēng）

Sooty Flycatcher；*Muscicapa sibirica*

乌褐色粗纵纹

舒晓南·摄

栖息地：平原和山区的林地、林缘、灌丛，市区园林也有分布。 全长：130mm

识别要点	体形较小，上体乌褐色，眼周白色眼圈较明显，翅飞羽和尾羽黑褐色，初级飞羽羽缘棕褐色。下体近白，胸部和两胁杂以乌褐色粗纵纹，喉部通常具一道白色的半颈环。嘴和脚黑色。
生态特征	单独活动，栖息于树林和灌丛间，立于横枝上伺机飞出捕捉飞行的昆虫，然后返回栖处。繁殖期在树上营巢。
分　　布	国内在东北和西南地区繁殖，中部和东部地区为旅鸟，华南南部和东南沿海地区为冬候鸟。也见于东北亚、喜马拉雅山脉、东南亚等地。
最佳观鸟时间及地区	夏季：东北；春、秋季：全国大部地区。

| 北灰鹟 | Asian Brown Flycatcher; *Muscicapa dauurica* |

胸部和两胁
略呈苍灰色

张锡贤·摄

栖息地：平原及山区的林地、林缘、村落附近、城市园林等。　全长：130mm

识别要点	上体羽呈灰褐色，眼先和眼圈污白色，翅和尾羽黑褐色。下体污白色，胸部和两胁略呈苍灰色。嘴黑色，基部宽阔，下嘴基黄色，脚黑色。
生态特征	单独活动，长栖息于较突出的枝头，寻觅飞行的昆虫，确定目标后快速飞出在空中将其捕捉，然后返回栖枝，而后尾巴会做颤动状。主要捕食各种昆虫。
分　　布	国内在东北中北部地区为夏候鸟，东北南部，华北向南至华南北部地区为旅鸟，西南部和华南南部为冬候鸟。国外见于东北亚、印度及东南亚地区。
最佳观鸟时间及地区	夏季：东北；春、秋季：全国大部地区。

白眉姬鹟（鸭蛋黄儿）

Yellow-rumped Flycatcher；*Ficedula zanthopygia*

眉纹白色

沈越·摄

栖息地：平原和低山区的林地、高灌丛，城市园林中也可见到。　全长：130mm

识别要点	体形较小，雄鸟羽色鲜艳，上体头顶、头侧、肩背、尾羽黑色。眉纹白色。翅大部分黑色，内侧具大的白色斑块。下体和腰部显黄色，尾下覆羽白色。雌鸟上体头顶至肩背暗黄绿色，飞羽和尾羽暗褐色，下体在颏、喉和上胸部具灰褐色横纹。嘴和脚铅黑色。
生态特征	单独活动于山区林地，捕捉昆虫。繁殖期雄鸟常站立于树冠顶端突出树枝上鸣叫，叫声婉转动听，在树洞中营巢。
分　布	国内在东北、华北、华中和华东地区为夏候鸟，西南、华南和华东南部为旅鸟。国外见于东北亚和东南亚地区。
最佳观鸟时间及地区	春、夏、秋季：东北、华北；春、秋季：南方地区。

红喉姬鹟 [黄点额（Ké）嗞啦子]
Red-breasted Flycatcher; *Ficedula parva*

额、喉部红色

赵超·摄

栖息地：平原和山区的林地、林缘、灌丛。　　　全长：130mm

识别要点	雄鸟头顶、脸侧、肩背至腰部灰褐色，眼先和眼周污白色。尾上覆羽黑褐色，尾羽黑褐色，外侧尾羽基部白色，翅飞羽和覆羽暗褐色。下体颏、喉部呈红色，喉部外侧和胸部淡灰色，腹侧和两胁棕灰色，腹中央至为下覆羽白色。雌鸟似雄鸟非繁殖羽，喉部为污白色或略显橙黄色。嘴和脚黑色。
生态特征	常单独活动，较为活泼。常停留在树冠顶枝上，见昆虫飞过，突然起飞捕捉。鸣叫声较粗糙，并且鸣叫时常伴有翘尾羽的动作。食物以昆虫为主。繁殖期在树洞中营巢。
分　布	国内主要见于东部地区，大部分地区为旅鸟，华南南部为冬候鸟。国外见于整个欧亚大陆。
最佳观鸟时间及地区	春、秋季：全国大部；冬季：华南南部。

白腹蓝姬鹟　Blue-and-white Flycatcher：*Cyanoptila cyanomelana*

上体钴蓝色

沈越·摄

栖息地：低山带的森林生境。　　　　　　全长：170mm

识别要点	体形较大的姬鹟，雄鸟头顶至枕部、肩背、腰部都为钴蓝色。翅飞羽黑褐色，尾羽蓝黑色，外侧尾羽局部白色。头侧、颏、喉和上胸蓝黑色，下体余部白色。雌鸟上体为灰褐色，喉部、腹部白色，胸侧和两胁淡褐色。嘴和脚黑色。
生态特征	单独或小群活动，多栖息于较高山地的阔叶林、针阔混交林中，具有鹟类的典型捕食方式。繁殖期在树洞中、岩石缝中营巢。
分　布	国内在东北地区为夏候鸟，华北以南大片地区为旅鸟，在海南、台湾为冬候鸟。国外见于东北亚和东南亚地区。
最佳观鸟时间及地区	夏季：东北、华北北部；春、秋季：东部大部地区；冬季：海南、台湾。

鸟类识别 233

铜蓝鹟　　　Verditer Flycatcher: *Eumyias thalassina*

眼先和眼下方黑色

赵超·摄

栖息地: 中低海拔山区的林地、林缘。　　　全长: 160mm

识别要点	雄鸟通体为艳丽的铜蓝色,眼先和眼下方黑色,翅和尾深蓝色并略带黑褐色,尾下覆羽羽端白色。雌鸟似雄鸟,但羽色较暗淡,下体尤为灰暗。嘴和脚黑色。
生态特征	常成对活动于林下灌丛间,有时也会停在高枝处鸣叫,捕捉昆虫为食。
分　布	国内分布于陕西以南大部分地区,多为夏候鸟,在华南南部为冬候鸟。国外见于印度和东南亚。
最佳观鸟时间及地区	春、夏、秋季:华南、西南地区;冬季:华南南部。

王鹟科 Monarchinae

寿带 [紫练 (棕红色雄、雌), 白练(白色雄)]

Asian Paradise Flycatcher; *Terpsiphone paradisi*

尾羽极长

虞海燕·摄

| 栖息地: 山区、丘陵地带的林地和灌丛。 | 全长: 雄鸟400mm 雌鸟200 mm |

识别要点	雌雄相似, 但雄鸟具有极长的尾羽, 特征明显。头颈部蓝黑色, 具羽冠。上体、翅、尾羽栗色。下体白色为主, 胸部苍灰色。有些雄性个体除头颈外, 身体为白色。眼圈、嘴呈钴蓝色。脚铅灰色。
生态特征	活动于山区林地灌丛, 常与其他小鸟混群。飞行较缓慢, 雄鸟长尾羽在飞行中拖曳着十分漂亮。食物主要为昆虫, 能在空中捕捉飞行的昆虫。繁殖期在灌丛树杈间营巢。
分 布	国内分布于东北东部、华北、向南至华南各地, 华南南部和新纳地区南部为留鸟, 其余地方为夏候鸟。国外见于土耳其、印度和东南亚地区。
最佳观鸟时间及地区	夏季: 东北; 春、夏; 秋季: 华北及以南大部地区。

画眉科 Timaliidae

黑脸噪鹛 (Méi) (十姐妹)

Spectacled Laughingthrush; *Garrulax perspicillatus*

额和头侧到耳区
黑褐色

(Gmelin,1789)

王吉衣·摄

栖息地：低山、丘陵地区的灌草丛、稀疏林地。 全长：300mm

识别要点	体形较大。额和头侧到耳区黑褐色，头顶、后颈、上胸和肩背部灰褐色，两翅和尾羽暗褐色，尾羽羽端色深。下体下胸至腹部棕白色，尾下覆羽棕黄色。嘴黑褐色，脚淡褐色。
生态特征	结小群活动于灌丛、低矮树丛间，性喧闹，在地面取食，食物主要为昆虫、植物种子和果实等。繁殖期在灌丛、树木低枝上营巢。
分 布	国内见于从山西以南、四川以东的大部分区域，为留鸟。国外见于越南北部。
最佳观鸟时间及地区	全年：华北以南地区。

山噪鹛（黑老婆，大飞窜儿，山画眉）

Plain Laughingthrush；*Garrulax davidi*

嘴黄绿色、稍向下弯

栖息地：低山之海拔3000m的山麓灌丛、林地。 全长：250mm

识别要点	中等体形，头顶色较暗，眼先灰白色，眼圈、眉纹和耳羽淡褐色，体羽以灰褐色为主。尾羽和翅飞羽黑褐色，飞羽外缘灰白色。下体在颏部黑褐色，余部浅灰褐色。嘴黄绿色，稍向下弯，脚浅褐色。
生态特征	经常3～5只结成小群在山坡灌丛中穿梭跳跃，非常活跃，常用嘴在地面翻找食物，取食植物种子、果实、昆虫等。叫声多样婉转悦耳。繁殖期在灌丛中筑巢。
分 布	为我国特有种，分布于东北地区西南部、河北、陕西、山西、甘肃、宁夏、青海、四川，均为留鸟。
最佳观鸟时间及地区	全年：辽宁、华北地区、甘肃、青海等。

画眉　　Hwamei；*Garrulax canorus*

眼圈白，向后
延伸至耳羽后

王吉衣·摄

栖息地：低山区的稀疏林地、林缘、灌丛、村落附近。　全长：220mm

识别要点	羽色较为单一，整体为橄榄褐色，额与头顶棕色显著，眼圈白，向后延伸至耳羽后，成眉毛状，故取名"画眉"。额至上背、胸部都有黑褐色的纵纹，翅飞羽和尾羽暗褐色，腹部中央较灰。嘴和脚黄色。
生态特征	集群活动于山区田园灌丛间，性隐匿，在枝叶下穿来穿去，寻找食物，主要吃昆虫，植物种子等。繁殖期在低矮灌丛间营巢。可以说是最为大众所熟知的鹛类，因叫声悦耳多变且会模仿其他声音而经常遭捕捉笼养。
分　布	国内华中南部地区都有分布，为留鸟。国外见于中南半岛北部。
最佳观鸟时间及地区	全年：黄河以南地区。

238　野外观鸟手册

白颊噪鹛　　White-browed Laughingthrush；*Garrulax sannio*

眼先、眉纹和颊部浅棕色

栖息地：中低海拔山区的稀疏林地、灌草丛、竹林、也光顾村落农田附近。

全长：240mm

识别要点	中等体形的噪鹛。头部眉纹、眼先和颊部为非常浅的棕色，头余部深褐色。上体肩背至尾上覆羽橄榄褐色，翅和尾暗褐色。下体颏至上胸栗褐色，下胸和腹部淡棕黄色，尾下覆羽红棕色。嘴黑褐色，脚灰褐色。
生态特征	常结小群活动，在林下灌丛间穿梭，常到地面上翻动落叶寻找食物，偶尔也回到林缘农田草丛中觅食，很少长距离的飞行，经常跳跃，叫声嘈杂。食物主要为昆虫，也吃植物种子、浆果，有时也会取食作物。繁殖期在灌丛间营巢。
分　布	国内见于华中、西南地区、华南、东南地区、海南岛，为留鸟。国外见于印度东北部和中南半岛地区。
最佳观鸟时间及地区	全年：黄河以南地区。

鸟类识别　**239**

嘴红色

赵超·摄

栖息地: 低山至较高海拔的阔叶林及林下灌丛。　　全长: 155mm

识别要点	体形小巧, 色彩艳丽。头顶、后颈和肩背部橄榄绿色, 眼先和眼周淡黄色, 耳羽浅灰色, 髭纹灰绿色。翅初级飞羽暗褐色至金黄色, 基部有一红色斑块。尾羽近黑色略分叉, 下体橙黄色, 胸部偏红。嘴红色, 脚偏粉色。
生态特征	成群活动, 在林间或灌丛中穿梭觅食, 取食昆虫、植物种子等。叫声优美动听。繁殖期筑巢于低矮灌丛间。
分　　布	国内分布于华中、华东、西南和华南地区, 为留鸟。也见于喜玛拉雅山脉其他地区, 印度北部、缅甸、越南等地。
最佳观鸟时间及地区	全年: 黄河以南地区。

蓝翅希鹛　　　Blue-winged Siva：*Minla cyanouroptera*

眼周和眉纹白色

翅初级飞羽
外缘蓝色

沈越·摄

栖息地：中海拔山区的森林和林下灌丛。　全长：150mm

识别要点	头顶至后颈灰褐色，额及头顶具蓝色羽轴纹，侧冠纹蓝黑色，眼周和眉纹白色。上体在肩背部、尾上覆羽为灰绿色。翅初级飞羽外缘蓝色。尾羽深蓝色。下体灰白色，两胁偏浅褐色。嘴黑褐色，脚肉粉色。
生态特征	成对或结小群活动于山区林地，主要吃昆虫和植物种子、果实。
分　　布	国内分布于云南、四川、贵州、广西、湖南、海南等地，为留鸟。也见于喜马拉雅山脉其他地区、印度东北部和东南亚地区。
最佳观鸟时间及地区	全年：西南地区。

鸦雀科 Paradoxornithidae

棕头鸦雀（驴粪球）| Vinous-throated Crowtit; *Paradoxornis webbianus*

头顶至上背浅棕色

栖息地：平原和山区的灌丛、矮树林、湿地苇塘。　　　全长：120mm

识别要点	体形小，嘴短而尾长。头顶至上背浅棕色，下背至尾上覆羽橄榄褐色，尾羽和翅飞羽暗褐色；下体淡棕色，胸部略沾粉色。嘴黑褐色，基部黄褐色，脚铅褐色。
生态特征	结群活动，性活泼，较为吵闹。在灌丛、苇塘间跳跃穿梭，较少远飞。取食昆虫、虫卵，也吃植物种子。繁殖期在灌丛枝杈间营巢。
分　布	国内从东北至西南以东地区都有分布，为留鸟。国外见于朝鲜、韩国和越南北部。
最佳观鸟时间及地区	全年：东部大部地区。

扇尾莺科 Cisticolidae

| 棕扇尾莺 | Zitting Cisticola；*Cisticola juncidis* |

头顶褐色

张锡贤·摄

栖息地：开阔草地、农田、苇塘。　　全长：100mm

识别要点	体形娇小。头顶褐色，羽缘沙黄色，后颈黄褐色，眉纹淡黄或乳白色，贯眼纹深褐色。上体背部黑色，羽缘棕色，下背至尾上覆羽栗色。尾羽棕色，具白色端斑和黑色次端斑。翅飞羽褐色，下体白色，两胁偏棕色。嘴褐色，脚肉粉色。
生态特征	单独活动，活动与开阔草地农田，常在空中振翅悬停、盘旋鸣叫。食物包括植物种子、昆虫等。
分　布	国内从华北以南各地都有分布，北方为夏候鸟，南方多为留鸟。国外见于非洲、欧洲南部、印度、日本和东南亚地区。
最佳观鸟时间及地区	全年：华北以南大部地区。

山鹛 [长尾（Yì）巴狼]

White-browed Chinese Warbler; *Rhopophilus pekinensis*

暗褐色羽干纹

沈越·摄

栖息地：山区坡地灌丛、低矮树林。　　　　全长：180mm

识别要点	体形中等，尾长。头顶、脸颊和肩、背至尾上覆羽沙褐色，具暗褐色羽干纹。眉纹灰色，髭纹偏黑。外侧尾羽羽端白色，下体在颏、喉、胸、腹部均为白色，微沾皮黄色，胸侧和两胁杂以栗褐色纵纹，尾下覆羽棕褐色。嘴角黄色，脚灰褐色。
生态特征	单独或结小群活动，经常在树之间敏捷跳跃或做短距离飞翔，善鸣叫，但难见其踪迹。主要以昆虫为食，也吃植物种子和果实。繁殖期在灌丛枝上筑集。
分　布	主要分布于我国，见于新疆、甘肃、青海、陕西、山西、内蒙古、河南、河北、辽宁等地，为留鸟。
最佳观鸟时间及地区	全年：北方大部地区。

纯色山鹪（Jiāo）莺　　Plain Prinia；*Prinia inornata*

两胁偏褐

尾羽羽端白

沈越·摄

栖息地：农田、灌丛、草地、苇塘。　　全长：150mm

识别要点	上体灰褐色，头顶色较深，眉纹、眼先棕白色，耳区黄色。翅飞羽和尾羽褐色，尾羽羽端微白。下体淡皮黄色，两胁偏褐。嘴近黑色，脚粉红色。
生态特征	常结成小群，活动于草丛、农田间，常立于枝杈间或草茎上鸣叫，取食草子和昆虫。筑巢于草丛中。
分　布	国内见于四川和长江流域以南大片地区，为留鸟。国外见于印度及东南亚。
最佳观鸟时间及地区	全年：长江以南地区。

莺科 Sylviidae

强脚树莺（咕噜粪球）　Brownish-flanked Bush Warbler；*Cettia fortipes*

上体橄榄褐色

沈越·摄

栖息地：山区林缘、林下茂密灌丛、草丛。　　　全长：120mm

识别要点	体形较小，上体概为橄榄褐色，向后逐渐转淡，腰和尾上覆羽暗棕黄色。头部眉纹长，皮黄色。飞羽和尾羽暗褐色，羽缘色浅。下体颏、喉和胸、腹中央近白色，沾灰色。胸侧、两胁和尾下覆羽棕黄色。上嘴黑褐色，下嘴黄色。脚肉褐色。
生态特征	常单个活动，栖息于林下灌丛和草丛中，较隐蔽，不易发现。叫声洪亮悦耳，常能听到，似"你____是谁"的声音。捕食昆虫。
分　布	国内见于华中以南（包括华中），为留鸟。也见于喜马拉雅山脉其他地区、东南亚。
最佳观鸟时间及地区	全年：黄河以南地区。

小蝗莺（苇绒儿）　　Rusty-rumped Warbler；*Locustella certhiola*

尾羽凸形

张锡贤·摄

栖息地：湿地苇塘、沼泽、稻田、灌丛。　　全长：150mm

识别要点	雌雄相似。上体褐色，具黑褐色纵纹，具皮黄色眉纹和黑色贯眼纹。尾羽凸形，黑褐色，先端具灰白色斑。翅飞羽和覆羽黑褐色，羽缘赤褐色。下体颏、喉及腹部近白色，两胁和尾下覆羽橄榄褐色。嘴暗褐色，下嘴基黄褐色。脚暗褐色。
生态特征	常单独活动，在苇塘、草丛中穿梭，活动隐蔽，不易见到。捕食昆虫、偶尔吃少量植物种子。繁殖期在芦苇丛中营巢。
分　布	国内在新疆北部向东到东北北部地区为夏候鸟，华北、华东、华南地区为旅鸟。国外见于亚洲北部和中部和东南亚。
最佳观鸟时间及地区	夏季：东北北部；春、夏、秋季：东部地区。

黑眉苇莺（苇尖儿）

Black-browed Reed Warbler; *Acrocephalus bistrigiceps*

黑褐色侧冠纹

赵超 · 摄

栖息地：苇塘、近水域的草灌丛。　　　　　　全长：130mm

识别要点	体形较小，上体黄褐色，淡黄色眉纹上有黑褐色的侧冠纹，贯眼纹细，黑色。翅飞羽和尾羽黑褐色，羽缘色浅。下体污白色，沾棕，胸部和两胁棕色。嘴黑褐色，下嘴基淡褐色。脚暗褐色。
生态特征	活动于芦苇丛中，捕食昆虫，在草丛中或芦苇丛中筑巢。
分　布	国内在东北、华北、华东地区为夏候鸟和旅鸟，华南地区为旅鸟，东南沿海有少量越冬个体。国外见于东北亚、印度和东南亚地区。
最佳观鸟时间及地区	夏季：东北北部；春、夏、秋季：东部地区。

东方大苇莺［苇咤（Zhà）子］

Oriental Great Reed Warbler；*Acrocephalus orientalis*

眉纹淡黄色

张锡贤·摄

栖息地：湿地苇塘、近水草灌丛。

全长：190mm

识别要点	体形较大，上体橄榄褐色，头部具明显的淡黄色眉纹，腰和尾上覆羽棕褐色，尾羽棕褐色，羽缘淡棕色。翅飞羽暗褐色，下体污白色，微沾棕黄，两胁橄榄褐色，尾下覆羽棕黄色。嘴长，黑褐色，下嘴基肉褐色。脚铅褐色。
生态特征	常单独活动于水域附近芦苇丛中，喜站在苇枝顶端高声鸣叫，叫声为略显嘈杂的"吱吱-呱呱"声，不甚畏人。嗜吃昆虫，在苇丛中营巢。巢常被大杜鹃寄生借巢产卵。
分　布	国内除新疆南部、西藏外，鉴于各地，为夏候鸟和旅鸟。国外见于东亚、印度、东南亚。
最佳观鸟时间及地区	夏季：东北；春、夏、秋季：东北以南大部地区。

褐柳莺（嘎叭嘴，树串儿）Dusky Warbler; *Phylloscopus fuscatus*

眉纹前段白
后段偏棕

舒晓南·摄

栖息地：平原和山区的灌草丛、林缘草地、果园、城市园林可见到。全长：110mm

识别要点	体较小，雌雄相似。上体橄榄褐色，眉纹前段白后段偏棕，下体颊、喉部和腹中央白色，胸部棕褐色，两胁和尾下覆羽沾褐色。上嘴黑褐色，下嘴橙黄色，嘴尖暗褐。脚淡褐色。
生态特征	常单独在低矮灌丛、草丛中活动，不远飞，多做小段的跳跃，停落后还常摇摆身子，不断抖动尾巴和翅膀，叫声"嘎叭、嘎叭"。捕捉昆虫为食，繁殖期在灌丛中或草丛地面上营巢。
分　布	国内在东北北部、内蒙古、青海、西藏等地为夏候鸟，东北南部至华南地区为旅鸟，华南南部为冬候鸟。也见于西伯利亚、喜马拉雅山脉、印度、东南亚地区。
最佳观鸟时间及地区	夏季：东北北部、藏东、川西；春、秋季：东北南部、华北、华中、华东、冬季：华南南部。

巨嘴柳莺（树串儿） Radde's Warbler; *Phylloscopus schwarzi*

嘴较厚，上嘴黑褐色，下嘴基部黄褐色

舒晓南·摄

栖息地：平原和山区的灌草丛、林缘矮树丛，市区园林。 全长：125mm

识别要点	体形较大的柳莺，且显得较粗壮。上体橄榄褐色，眉纹和眼圈周棕黄色，贯眼纹暗褐色。下体颏、喉部污白色，胸部褐色，两胁棕褐，腹部中央鲜黄色，尾下覆羽棕黄。嘴较厚，上嘴黑褐色，下嘴基部黄褐色。脚黄褐色。
生态特征	单独活动于灌丛、矮树上，或在林缘草地上捕食昆虫，常抽动尾和翅膀，食物以昆虫为主。繁殖期在灌丛中或草丛中筑巢。
分　布	国内在东北北部繁殖，东北至西南以东地区大部为旅鸟，东南沿海地区有少量越冬个体。国外见于东北亚、缅甸、中南半岛。
最佳观鸟时间及地区	春、秋季：除新疆、西藏外大部地区。

黄腰柳莺(柳串儿) Pallas's Leaf Warbler; *Phylloscopus proregulus*

黄绿色顶冠纹

陈建中·摄

栖息地：平原和山区的树林、林缘、城市园林。

全长：95mm

识别要点	体小而体形短圆。上体橄榄绿色，头顶中央具黄绿色顶冠纹，眉纹黄色、先端偏橙黄。腰部柠檬黄色，翅和尾羽黑褐色，羽缘黄绿色，翅上具两道清晰的黄白色翅斑，内侧飞羽外缘白色。下体藏白色，两胁和尾下覆羽沾绿黄色。嘴黑褐色，下嘴基橙黄色；脚粉红色。
生态特征	常结小群活动，在树林间活动觅食，也会与其他小鸟混群。活泼好动，在树枝叶间来回穿梭，常会作出在空中振翅悬停的动作。捕食昆虫为食。繁殖期在树枝上营巢。
分　布	国内与东北北部繁殖，东北、华北、华中、华东地区为旅鸟，少量冬候。华南地区为冬候鸟和旅鸟。
最佳观鸟时间及地区	春、秋季：东北；秋、冬、春季：东北以南大部地区。

云南柳莺(柳串儿) Chinese Leaf Warbler；*Phylloscopus yunnanensis*

赵超·摄

栖息地：平原和山区的树林、林缘，迁徙季节城市园林也可见到。 全长：100mm

识别要点	酷似黄腰柳莺，但羽色较为暗淡，眉纹黄色，先端也不似黄腰柳莺那样的橙黄色。
生态特征	似黄腰柳莺。
分　布	已知分布区国内见于青海、四川向东至华北北部，为夏候鸟和旅鸟。国外见于泰国、缅甸、老挝。
最佳观鸟时间及地区	春、夏、秋季：华北北部、华中、西南地区。

黄眉柳莺(柳串儿) Yellow-browed Warbler; *Phylloscopus inornatus*

内侧飞羽外缘灰白色

栖息地：平原和山区的阔叶林、针叶林、针阔混交林，城市园林也可见到。

全长：105mm

舒晓南·摄

识别要点	体形小巧的黄绿色柳莺。上体橄榄绿色，头部眉纹淡黄绿色，顶部具不甚明显的黄绿色顶冠纹。翅上具两道黄白色翅斑，内侧飞羽外缘灰白色。尾羽黑褐色，外缘橄榄绿色。下体近白色，腹部、两胁和尾下覆羽沾青黄色。嘴暗褐色，下嘴基部黄色。脚肉褐色。
生态特征	常结小群活动，在树林的中上层穿梭飞行，觅食昆虫、虫卵等，性活泼好动，也会与其他小鸟混群。
分　布	国内在东北中北部地区繁殖，东北南部、华北、华中、华南地区为旅鸟，华南南部为冬候鸟。国外见于亚洲北部、印度和东南亚地区。
最佳观鸟时间及地区	夏季：东北北部；春、秋季：东北以南大部；冬季：华南、西南南部。

极北柳莺（大柳叶儿）   Arctic Warbler: *Phylloscopus borealis*

舒晓南·摄

栖息地：平原和山区的树林、林缘、灌丛、红树林，城市园林。   全长：102mm

识别要点	体形较大的柳莺，雌雄相似。上体灰绿色，眉纹黄白色，甚显著，贯眼纹颜色较深，翅飞羽和覆羽黑褐色，羽缘黄绿色，翅上具一道较细的浅色翅斑，有时还会另有一条较短的模糊翅斑。下体近白色，两胁、胸部沾灰绿色。嘴长，上嘴黑褐色，下嘴黄色。脚肉褐色。
生态特征	单独或结小群活动，在树叶间觅食昆虫、虫卵，叫声悦耳。繁殖期在地面营巢。
分　布	国内见于除新疆、西藏外的各地，在东北北部繁殖，其他地区多为旅鸟，东南沿海地区有少量冬候鸟。国外见于欧亚大陆北部、东南亚、阿拉斯加。
最佳观鸟时间及地区	春、秋季：除新疆、西藏外大部地区。

冕（Miǎn）柳莺（柳串儿）

Eastern Crowned Warbler; *Phylloscopus coronatus*

淡黄绿色顶冠纹

舒晓南·摄

栖息地：平原和山区的各种林地、林缘、高灌丛，市区园林。　全长：120mm

识别要点	中等偏大的柳莺，上体黄绿色，羽色较为鲜亮，头顶中央有一条淡黄绿色顶冠纹，眉纹浅黄色，贯眼纹暗褐色。翅和尾羽暗褐色，羽缘黄绿色，翅上具一道浅黄绿色翅斑。下体银白色，缀不明显的黄白色纵纹，两胁沾灰，尾下覆羽黄色明显。上嘴黑褐色，下嘴肉褐色。脚铅褐色。
生态特征	单独或混群活动，常在树枝顶端鸣叫，觅食昆虫。
分　布	国内在东北、华北北部、四川为夏候鸟，东部大部分地区为旅鸟。国外见于东北亚、越冬在东南亚。
最佳观鸟时间及地区	春、秋季：东部地区大部。

戴菊科 Regulidae

戴菊（嗞嗞花儿） | Goldcrest；*Regulus regulus*

顶冠鲜黄色

陈建中·摄

栖息地：栖息于平原和山区的针叶林、针阔混交林，市区园林也有分布。 全长：90mm

识别要点	体形娇小，色彩艳丽。雄鸟前额基部、眼先和眼周灰白色，顶部侧冠纹黑色，顶冠鲜黄色，后端具一橙色斑，头余部和肩背部橄榄绿沾灰色。翅飞羽黑褐色，翅上具2道白色翅斑。尾羽黑褐色，外缘沾绿色。下体颏、喉部污白色，胸部灰白色，羽端沾黄绿色。雌鸟似雄鸟，较暗淡。嘴和脚黑褐色。
生态特征	单独或结小群活动，行动敏捷，活泼好动。多栖息于针叶林中，在树上跳跃穿飞寻找食物，食物主要为昆虫和虫卵。繁殖期在针叶树上营巢。
分　布	国内在东北北部为夏候鸟，中部和西南地区、新疆西部小面积地区为留鸟，东部大部分地区为旅鸟或冬候鸟。也见于欧洲、西伯利亚、中亚及喜马拉雅山脉其他地区、日本。
最佳观点时间及地区	夏季：西部、东北800m以上林地；秋、冬季：中国大部低海拔林地或城市公园。

绣眼鸟科 Zosteropidae

红胁绣眼鸟（紫胁粉眼儿，北粉眼儿）
Chestnut-flanked Whiteeye；*Zosterops erythropleurus*

两胁栗红色

赵超·摄

栖息地：平原及山区的林地生境。　　　全长：120mm

识别要点	体形细小，雌雄相似。额、头顶、背部至尾上覆羽暗黄绿色，脸颊和耳羽黄绿色，眼周具一圈白色绒状短羽。翅飞羽和翅上覆羽、尾羽黑褐色。下体颈、喉部黄色，上胸银灰色，下胸和腹部中间乳白色，两胁栗红色，尾下覆羽黄色。嘴褐色，脚铅灰色。
生态特征	非繁殖期常结群活动，性活泼，边飞边叫，叫声为较尖细的"吱吱"声。食物主要为昆虫和少量植物种子，也会吃浆果。繁殖期在树的枝杈间营巢。
分　布	国内在东北地区为夏候鸟，在华北、华中、西南、华东和华南地区为旅鸟，云南南部为冬候鸟。国外见于东亚和中南半岛。
最佳观鸟时间及地区	夏季：东北；春、秋季：除西藏、新疆外大部地区。

暗绿绣眼鸟（青肋粉眼儿，南粉眼儿）
Japanese White-eye; *Zosterops japonicus*

眼周具白色绒
状短羽

陈建中·摄

栖息地：林地、林缘、市区园林。 全长：100mm

识别要点	与红胁绣眼鸟相似，但稍小，上体为更鲜亮的绿色，头部前额亮黄色。下体两胁无栗色。
生态特征	似红胁绣眼鸟。
分　布	国内见于华北以南各地，在华北、华中、华东和西南北部为夏候鸟，在西南地区南部和华南地区为留鸟。国外见于朝鲜南部、日本、中南半岛地区。
最佳观鸟时间及地区	春、夏、秋季：华北以南大部；全年：华南南部。

攀雀科 Remizidae

攀雀 [马蹄雀 (Qiǎo) 儿] | Chinese Penduline Tit; *Remiz consobrinus*

黑色宽贯眼纹

张锡贤·摄

栖息地：湿地苇塘，水域边树林、林缘。　　全长：110mm

识别要点	体形小。雄鸟头顶至后枕部灰白色，具黑色宽的贯眼纹，眉纹白，经耳羽向下延伸与白色下颊部相连；后颈栗褐色，棕褐，翅飞羽和尾羽暗褐色，翅上具一道皮黄色翅斑。下体颏、喉部近白色，胸以下皮黄色。雌鸟似雄鸟，但与色较暗淡，偏灰褐色。嘴和脚灰黑色。
生态特征	繁殖期成对活动，非繁殖期结群。游荡于水域旁的稀树林、苇塘，甚活跃。能倒挂在枝条上寻找食物，主要吃昆虫，植物种子、嫩芽。繁殖期在树枝上营编制巢，巢呈靴筒状。
分　布	国内在东北、华北北部为夏候鸟和旅鸟，华北、华东沿海地区为冬候鸟和旅鸟。国外见于俄罗斯、日本等地。
最佳观鸟时间及地区	秋、冬、春季：华北大部、华东。

长尾山雀科 Aegithalidae

银喉长尾山雀（嗞嗞猫儿） Long-tailed Tit; *Aegithalos caudatus*

外侧尾羽具楔形
白斑

张瑜·摄

栖息地：山区林地、林缘、灌丛。　全长：160mm

识别要点	身体较小而尾甚长，雌雄相似，体羽较为蓬松。头顶至后枕灰黑色，头顶中央有一条污白色纵纹，脸侧白色。上体肩背部灰色，尾上覆羽黑褐色，尾羽黑色，外侧尾羽具楔形白斑。翅飞羽黑褐色；下体颏、喉中央具一灰黑色斑块，胸部淡棕黄色，腹部、两胁到尾下覆羽沾葡萄红色。嘴短小，黑色，脚黑色。
生态特征	集群活动，非常活泼，在林间灌丛中不停的跳跃穿梭，叫声为细弱的"吱-吱"声。食物主要为昆虫、虫卵等，也吃植物种子。繁殖期在树上枝杈间营巢。
分　布	国内分布于东北、华北、华中、华东、西南地区，为留鸟。国外见于整个欧洲和亚洲的温带区域。
最佳观鸟时间及地区	全年：东北、华北、华中。

红头长尾山雀（小老虎，红顶山雀）
Red-headed Tit; *Aegithalos concinnus*

头顶棕红色

张永·摄

栖息地：中低海拔山区的针叶林、阔叶林、针阔混交林、林缘、高灌丛。 全长：100mm

识别要点	雌雄相似。额、头顶至后颈棕红色，脸及颈侧黑色，上体余部灰蓝色，翅飞羽黑褐色。尾羽近黑色，外侧尾羽羽端白。下体颏部白色，喉中部具一黑色斑块，胸和两胁棕红色，下体余部白色。嘴黑色，脚肉褐色。
生态特征	成对或结群活动，也会与其他小鸟混群。在林地灌丛间非常活跃，有时也到高树上觅食，主要以昆虫为食，也吃植物种子。繁殖期在树枝杈间营巢。
分　布	国内在华北以南大片地区都有分布，为留鸟。也见于喜马拉雅山脉其他地区，缅甸和中南半岛地区。
最佳观鸟时间及地区	全年：黄河以南大部地区。

山雀科 Paridae

沼泽山雀（红子，嗞嗞红儿）　Marsh Tit; *Parus palustris*

头顶黑色

赵超·摄

栖息地：山区林地、高灌丛、果园等，市区园林偶尔也可见到。　全长：115mm

识别要点	体形娇小，雌雄相似。额、头顶至后枕部黑色，头侧白色，背肩灰褐色，腰和尾上覆羽浅褐色。尾羽灰褐，外侧尾羽外缘沾灰白色，翅飞羽暗褐色。下体颏、喉部具黑色斑块，胸、腹至尾下覆羽苍白色，两胁棕灰色。嘴和脚铅黑色。
生态特征	单独或成对活动，在树林中穿梭觅食，行动敏捷。食物包括昆虫、植物种子等。繁殖期在树洞中营巢。
分　布	国内见于东北、华北、华中、华东和西南地区，为留鸟。国外见于欧洲和东亚地区。
最佳观鸟时间及地区	全年：北方大部分地区。

褐头山雀（山红子） **Willow Tit; *Parus montanus***

头顶褐色

张瑜·摄

栖息地：中低海拔山区的针叶林、针阔混交林。　　全长：115mm

识别要点	外形与沼泽山雀十分相似，但头顶深色区域为褐色而不似沼泽山雀那样偏黑，翅内侧飞羽外缘灰白色，翅膀合拢后从侧面看较为明显，尾羽色一致为暗褐色。叫声与沼泽山雀有明显不同。
生态特征	非繁殖期常结成3～5只的小群活动于山区林地中，繁殖期单独或成对活动。行动敏捷活泼，在树枝上下穿梭翻滚，捕食昆虫，也吃植物种子。在树洞中营巢。
分　布	见于我国华北至西南地区，为留鸟。
最佳观鸟时间及地区	全年：北方大部分地区。

黄腹山雀（嗞嗞点儿） **Yellow-bellied Tit; *Parus venustulus***

腹部黄色

张瑜·摄

栖息地：中低海拔的山区阔叶林、针阔混交林、灌丛，市区园林中也可见到。

全长：100mm

识别要点	体小，整体显得头大尾短。雄鸟头顶至枕部黑色，有蓝色光泽，颊部、脸侧白色，后颈中央有一淡黄白色斑块。肩背部蓝灰色，尾上覆羽灰褐色，尾羽黑褐色，外侧尾羽外羽白色。翅飞羽近黑褐色，翅上具两道白色翅斑。下体颏、喉部和上胸黑色，胸、腹部黄色。雌鸟似雄鸟，但较暗淡，偏褐色。嘴和脚黑色。
生态特征	集群活动，在山区林地灌丛间穿梭，捕捉昆虫，也吃植物种子和果实，叫声为很细的"吱吱"声，繁殖期在树洞中或石缝中营巢。
分　　布	只分布于我国，从华北以南至华南大片地区都有分布，在北方为夏候鸟，少量为留鸟，南方地区为留鸟。
最佳观鸟时间及地区	全年：华北及以南地区。

头侧白色

黑色宽斑

赵超·摄

栖息地：中低海拔的山区阔叶林、针阔混交林、林缘灌丛，市区园林中也可见到。

全长：145mm

识别要点	体形较大的山雀。头顶黑色，具蓝色光泽，后颈两侧各有一条黑色区域向下延伸至颈基部，后颈下方有一小的白色斑块。头侧、耳羽和颈侧白色。上体肩背蓝灰色，微沾黄绿色。翅飞羽黑褐色，翅上具一道白色翅斑。尾羽蓝灰色，外侧尾羽具楔形的白斑。下体自颏、喉部和上胸黑色，向下延伸形成一道黑色宽斑贯穿胸、腹中央，余部灰白色。雌鸟似雄鸟，羽色稍暗淡。嘴、脚黑褐色。
生态特征	成对或结小群活动，性活泼，叫声为很有特点的"吱-吱-嘿"声，繁殖期捕食大量昆虫，非繁殖期也吃植物种子和浆果。在树洞中或石缝中筑巢。
分　布	国内除新疆南部、西藏大部分地区没有分布外，全国范围内都有分布，为留鸟。国外见于欧亚大陆、朝鲜、日本、印度、东南亚地区。
最佳观鸟时间及地区	全年：除新疆外大部分地区。

绿背山雀（丁丁拐，花脸雀）Green-backed Tit：*Parus monticolus*

背黄绿色

赵超·摄

栖息地：海拔800～4000m的山区林地、林缘、高山杜鹃林。　全长：130mm

识别要点	外形与大山雀十分相似，体形稍小，背和腹部多黄绿色，与大山雀最明显的区别是翅上具两道白色翅斑（大山雀为一道翅斑）。嘴和脚铅黑色。
生态特征	常结小群活动于中低海拔山区的林地中，捕捉昆虫为食，也吃植物种子和果实。繁殖期在天然树洞中营巢。
分　布	国内见于华中、西南地区、西藏南部、台湾，为留鸟。也见于巴基斯坦、喜马拉雅山脉其他地区、老挝、越南及缅甸。
最佳观鸟时间及地区	全年：华中、西南地区。

肩背部青灰色

王传波·摄

栖息地：山区林地、灌丛、高草丛、果园等。　　　　　全长：130mm

识别要点	偏白色的山雀。额、头顶灰白色，略带蓝色，贯眼纹黑色向后延伸至枕部而左右相连，并经耳区向前延伸至颈侧。后颈下方具一小块白色斑块，肩背部和尾上覆羽青灰色，尾羽蓝黑色，羽端白色。翅飞羽蓝黑色而羽端白，翅上宽的白色翅斑，下体灰白色，腹中部有一块黑色纵纹。嘴和脚蓝灰色。
生态特征	结群活动，性活泼吵闹，食物为植物种子、果实和昆虫，繁殖期在树洞中营巢。
分　布	国内分布于黑龙江、内蒙古东部、新疆北部和西部，为留鸟。国外见于东欧、蒙古和西伯利亚地区。
最佳观鸟时间及地区	全年：黑龙江、新疆北部。

鸭科 Sittidae

普通鸭 (Shī) (嘀嘀棍儿) | Eurasian Nuthatch：*Sitta europaea*

贯眼纹黑色

栖息地：中低海拔山区的阔叶林、针叶林和混交林。　　全长：130mm

识别要点	体形短粗，雌雄相似。自头顶至尾上覆羽都为灰蓝色，头部具一条很模糊的白色细眉纹，贯眼纹黑色，延伸至脑后。翅飞羽黑褐色，中央尾羽灰蓝色，外侧尾羽黑褐色，具白斑。下体颏、喉部白色，胸、腹棕白色，尾下覆羽污白色，羽缘淡栗色，两胁栗色。嘴黑色，脚铅灰色。
生态特征	成对或结小群活动，行动敏捷，在树上攀爬啄食树皮中的昆虫、虫卵，也吃坚果类食物。繁殖期在树洞中营巢，通常利用啄木鸟的旧巢，洞后会用泥土涂抹。
分　布	国内见于东北、华北、华东、华中、华南、东南、新疆东北部，为留鸟。国外见于欧亚大陆北部。
最佳观鸟时间及地区	全年：东部地区。

旋木雀科 Certhiidae

旋木雀（爬树鸟） | Eurasian Treecreeper；*Certhia familiaris*

张瑜·摄

栖息地：平原及山区的针叶林、针阔混交林，城市园林也可见到。 全长：130mm

识别要点	体形较小，雌雄相似。上体棕褐色，各羽具白色羽干纹，眉纹宽阔白色，贯眼纹深褐色，腰和尾上覆羽红棕色，翅飞羽和尾羽暗褐色，飞羽具两道棕白色斑纹，下体大部白色，腹部微沾灰色。嘴黑褐色，较长而向下弯曲，脚黄褐色。
生态特征	单独或成对活动，有时也会与其他小鸟混群。经常在高大树干上攀爬旋转，觅食昆虫、虫卵等。
分　布	国内在东北、华北北部、华中、西南、西北地区有分布，为留鸟。国外见于欧亚大陆。
最佳观鸟时间及地区	全年：除华东华南外大部分地区。

花蜜鸟科 Nectariniidae

纹背捕蛛鸟(芭蕉鸟) | Streaked Spiderhunter；*Arachnothera magna*

嘴长而稍向下弯曲，黑色

满布深褐色纵纹

沈越·摄

栖息地：低海拔山区林地、林缘、灌丛。 全长：190mm

识别要点	体形较大，上体黄绿色，满布深褐色纵纹，下体淡黄白色，满布黑色羽干纹，尾下覆羽橄榄绿色。嘴长而稍向下弯曲，黑色，脚橘黄色。
生态特征	多见单独活动于山区林地、林缘灌丛，捕食蜘蛛、昆虫。
分　布	国内见于西藏东南部、云南、贵州南部、广西西南部热带地区，为留鸟。也见于喜马拉雅山脉其他地区、印度东北部、东南亚地区。
最佳观鸟时间及地区	全年：云南。

雀科 Passeridae

家麻雀	House Sparrow; *Passer domesticus*

眼后经枕部至后颈褐色

张永·摄

栖息地：城镇附近，屋舍前后等有人类建筑物的地方。　　全长：150mm

识别要点	雄鸟头顶青灰色，眼先、颏、喉部和上胸黑色，脸颊白色，眼后经枕部至后颈褐色。背部灰褐色，具黑色斑纹。尾行覆羽灰褐色，尾羽深褐色，羽缘色浅；下体、下胸部灰色，向下至尾下覆羽为白色。雌鸟羽色暗淡，头部灰褐色，具浅色眉纹。雄鸟繁殖期嘴黑色，非繁殖期与雌鸟嘴颜色相同为黄色，嘴短灰黑色，脚肉褐色。
生态特征	适应能力强，不畏人，常与人类相伴而生，在人工建筑中筑巢繁殖。繁殖期成对活动，非繁殖期集大群，主要吃植物种子、作物果实，也吃昆虫。
分　　布	国内见于新疆、西藏西部、青海、四川部分地区、东北北部，为留鸟。国外见于欧洲、中亚、非洲、澳大利亚，引种至北美洲、南美洲。
最佳观鸟时间及地区	全年：新疆。

麻雀 [家雀（Qiǎo）儿，家仓子，老家贼]

Tree Sparrow: *Passer montanus*

黑色斑块

张瑜·摄

栖息地：稀疏林区、农田、城镇街区屋舍前后、草地、灌丛等多种生境。 全长：140mm

识别要点	雌雄相似。额、头顶和后颈栗褐色，上体灰褐色，杂以黑色粗纵纹，腰和尾上覆羽黄褐色。翅飞羽和尾羽黑褐色；翅上具两道浅色窄翅斑。眼先、眼周、颏、喉部黑色，颊部白色，耳羽后具黑色斑块，下体胸、腹部灰白色，尾下覆羽淡褐色。嘴黑色，脚肉褐色。
生态特征	喜结群，伴人而生，市区街道、房屋前后都可见到，不畏人，在屋檐下、树洞中、墙缝中营巢。取食谷物、植物种子，繁殖期也吃昆虫。为我国各城市最常见鸟类。
分　布	国内见于各地，为留鸟。国外见于欧亚大陆，北美洲也有引进。
最佳观鸟时间及地区	全年：全国各地。

梅花雀科 Estrildidae

白腰文鸟 (禾谷，十姐妹，尖尾文鸟)

White-rumped Munia; *Lonchura striata*

腰白

赵超·摄

栖息地：平原和低海拔山区丘陵的林缘、灌丛、农田、村落，城市中也可见到。

全长：110mm

识别要点	体小，翅和尾羽黑褐色，腰白，腹部污白色，身体余部褐色，具浅棕色羽干纹。嘴和脚灰色。
生态特征	结小群活动，较为吵闹，在农田、灌丛、村落附近活动，主要觅食植物种子，农作物收获季节会群聚到农田中觅食作物种子，也吃昆虫。繁殖期在灌丛或树洞中营巢。
分　布	国内见于华中及以南地区，为留鸟。国外见于印度和东南亚地区。
最佳观鸟时间及地区	全年：黄河以南地区。

斑文鸟（小纺织鸟，鱼鳞沉香算命鸟）
Spotted Munia；*Lonchura punctulata*

褐色鳞状斑

江航东·摄

栖息地：平原和低海拔山区丘陵的林缘、灌丛、农田、村落附近。 全长：100mm

识别要点	体形与白腰文鸟相似，但羽色较浅，整体偏灰褐色，腰部青褐色，下体污白，满布褐色鳞状斑。嘴蓝灰色，脚灰褐色。
生态特征	似白腰文鸟。
分　　布	国内分布于长江以南地区，为留鸟。国外见于印度、东南亚。已引种至澳大利亚。
最佳观鸟时间及地区	全年：华南、西南地区。

燕雀科 Fringillidae

燕雀（虎皮雀） | Brambling；*Fringilla montifringilla*

胸部橙黄色

赵超·摄

栖息地：平原和山区的针叶林、针阔混交林，林缘，市区园林中也可见到。

全长：160mm

识别要点	繁殖期雄鸟上体额、头顶、脸侧至上背黑色，腰部和尾上覆羽白色，翅飞羽和尾羽黑褐色，翅上具明显的白色斑块，肩部和翅上小覆羽橙黄色；下体颏、喉和胸部橙黄色，腹部和尾下覆羽污白，两胁具深色点斑。雌鸟羽色似非繁殖期的雄鸟，羽色较暗淡，头部偏褐色。嘴黄色，尖端黑，脚肉褐色。
生态特征	常结群活动于林间空地，迁徙季节有时会结成数百只的大群。在地面或树上取食，觅食植物种子、花、果实等，繁殖期也吃昆虫。
分　布	国内见于东北、华北、华中、华东、华南、新疆西北部、青海西部，为旅鸟和冬候鸟。国外见于欧亚大陆北部。
最佳观鸟时间及地区	秋、冬、春季：除西藏外大部地区。

高山岭雀　Brandt's Mountain Finch；*Leucosticte brandti*

前额黑色

栖息地：高海拔多岩石、碎石的坡地、沼泽。　全长：180mm

王传波·摄

识别要点	体形较大，整体偏灰色。头部暗灰，前额、头顶黑色。上体灰色，略沾粉，翅黑褐色，羽缘浅灰，内侧飞羽外缘灰色，尾羽黑褐色。下体浅土褐色。嘴灰色，脚深褐色。
生态特征	集群活动于高海拔碎石坡地，有时与雪雀混群，在地面觅食植物种子等。
分　布	国内在新疆西北部为夏候鸟，青海、西藏、甘肃、四川等地为留鸟。也见于中亚、蒙古、喜马拉雅山脉西部和中部其他地区。
最佳观鸟时间及地区	全年：青海、西藏。

红眉朱雀　Beautiful Rosefinch；*Carpodacus pulcherrimus*

眉纹粉紫色

张瑜·摄

栖息地：海拔较高的山区林地、灌丛。

全长：150mm

识别要点	雄鸟上体头顶、肩背褐色，羽缘粉褐色，眉纹粉紫色，脸侧紫褐。翅飞羽褐色，羽缘浅棕，腰和尾上覆羽葡萄红色，尾羽黑褐，羽缘粉红。下体颏、喉至尾下覆羽都呈葡萄红色，两胁和尾下覆羽具黑色纵纹。雌鸟整体偏灰褐色，眉纹皮黄色。嘴角质灰色，脚暗褐色。
生态特征	活动于山区林地及灌丛，觅食植物种子、果实，繁殖期也吃昆虫，营巢于灌丛中。冬季会迁往较低海拔山区。
分　布	国内见于河北、山西、陕西、甘肃、宁夏、青海、四川、内蒙古西部、云南西北部、西藏东北部，为留鸟。也见于喜马拉雅山脉其他地区和蒙古。
最佳观鸟时间及地区	全年：华北北部至西藏地区。

脸前部红色

苟军·摄

栖息地: 低地至中高海拔山区的针叶林、针阔混交林、林缘、果园。　全长: 145mm

识别要点	雌雄相似，上体大部灰色，脸前部红色。翅黑色，具大的黄色翅斑，三级飞羽外缘白色，腰部灰白，尾羽黑色，下体污白色。嘴粉红色，脚肉褐色。
生态特征	成对或结小群活动，在林地、果园中取食植物种子、草子等。
分　布	国内见于新疆北部和西藏西部，为留鸟。国外见于欧洲、中东和中亚地区。
最佳观鸟时间及地区	全年：新疆北部。

金翅雀（金翅儿）　Gray-capped Greenfinch；*Carduelis sinica*

翅斑黄色

赵超·摄

栖息地：平原及较低海拔山区的树林、果园、村落附近、城市公园中也有分布。

全长：130mm

识别要点	体形比麻雀稍小，雄鸟头颈部灰色，眼先和眼周黑褐色，上体背部栗褐色，腰部黄绿色，尾上覆羽灰色沾黄。尾羽黑褐色，外侧尾基部黄色，翅飞羽黑褐色，羽基黄色组成明显的斑块，飞行时很明显。下体颏、喉部橄榄黄，胸部及两胁栗褐色，腹中央黄色，尾下覆羽鲜黄。雌鸟似雄鸟，羽色较暗淡。嘴、脚肉褐色。
生态特征	常结小群活动，性活泼。叫声有特点，犹如一串银铃声。取食植物种子、果实、草子，也吃昆虫。繁殖期在树上、屋檐下、人工建筑空隙中营巢。
分　布	在我国除新疆、西藏外几乎各处都有分布，为留鸟。国外见于西伯利亚东南部、朝鲜、日本等地区和国家。
最佳观鸟时间及地区	全年：除西藏、新疆外大部地区。

嘴粗壮锥形，铅灰色

沈越·摄

栖息地：平原和山区的针叶林、针阔混交林。　全长：180mm

识别要点	体形中等，显得较胖。雄鸟头部黄褐色，额、眼周、颏、喉部黑色，后颈具灰色领环。上体肩背部茶褐色，尾上覆羽棕色，尾羽栗黑色，羽端白色。翅飞羽黑褐色具篮紫色光泽，内侧飞羽羽端方形。翅上小覆羽暗灰色。下体胸腹部淡棕色，下腹至尾下覆羽白色。雌鸟羽色较暗淡。嘴粗壮锥形，铅灰色。脚肉褐色。
生态特征	成对或结小群活动，在稀疏林间觅食，取食植物种子、果实，繁殖期也吃昆虫。
分　　布	国内在东北北部繁殖，在东北南部、华北、华中地区为旅鸟，华南、华东和新疆西部为冬候鸟。国外见于欧亚大陆。
最佳观鸟时间及地区	夏季：黑龙江；春、秋季：北方大部；冬季：长江以南地区。

黑尾蜡嘴雀 [皂(雄), 灰儿(雌)]
Yellow-billed Grosbeak; *Eophona migratoria*

头部黑色

赵超·摄

栖息地: 平原和山区的树林、果园、村落附近, 城市园林中也有分布。 全长: 180mm

识别要点	体形较大而敦实, 雄鸟整个头部黑色, 具光泽, 上体后颈、背肩部灰褐色, 尾上覆羽转为淡灰白色, 微沾褐。尾羽黑色, 翅飞羽黑色, 外侧初级飞羽先端具宽阔白斑。下体前颈、胸灰褐色, 腹部淡灰白色, 两胁沾橙黄色, 尾下覆羽白。雌鸟似雄鸟, 但无头部黑色, 整体偏暗淡。嘴粗壮, 蜡黄色, 尖端黑褐色, 脚黄褐色。
生态特征	成对或集群活动, 在树上或地面草丛觅食, 取食植物种子、果实, 也吃昆虫。飞行快速, 振翅剧烈。繁殖期在树上枝杈间营巢。
分　布	国内除宁夏、青海、新疆、西藏、海南外, 见于各省, 在东北、华北、华中地区为夏候鸟和旅鸟, 少量冬候, 在华南沿海地区为冬候鸟。国外见于西伯利亚东部、朝鲜、日本。
最佳观鸟时间及地区	夏季: 东北; 全年: 东部大部分地区。

白斑翅拟蜡嘴雀　White-winged Grosbeak；*Mycerobas carnipes*

具大翅斑

苟军·摄

栖息地：中高海拔山区林地、林缘、灌丛。　全长：230mm

识别要点	体形较大而敦实。雄鸟头、颈、胸部、肩部黑色；翅黑色，具黄色和白色的大斑块。腰黄色，尾羽黑。下体胸部以下黄色。雌鸟似雄鸟，但羽色较暗淡，相应雄鸟黑色的区域为灰色，颊部胸部具浅色纵纹。嘴锥形厚重，铅灰色，脚肉褐色。
生态特征	非繁殖期结群活动，在山地林区游荡觅食，取食植物种子。也会和其他鸟类如朱雀等混群。性吵闹，不十分怕人。
分　布	国内见于新疆、西藏、四川、云南、青海、甘肃、陕西、宁夏、内蒙古西部，为留鸟。也见于伊朗、喜马拉雅山脉。
最佳观鸟时间及地区	全年：华中以西地区。

鸟类识别　283

蒙古沙雀（土红子）　Mongolian Finch; *Rhodopechys mongolica*

栖息地：较高海拔山区的多碎石荒漠、半干旱灌丛。　全长：150mm

识别要点	身体大部沙褐色，翅外侧飞羽羽缘粉红色，尾羽褐色，羽缘淡褐色。下体羽色较浅淡。嘴较短且厚，角质色，脚粉褐色。
生态特征	通常成群活动，在干燥石坡、灌丛中活动觅食，取食植物种子，也吃昆虫。
分　布	国内见于新疆西北部、青海、甘肃、宁夏、内蒙古，为夏候鸟。国外见于中亚、蒙古地区。
最佳观鸟时间及地区	春、夏、秋季：新疆、甘肃、内蒙古西部。

鹀科 Emberizidae

灰眉岩鹀（Wú）（土眉子）

Chestnut-lined Rock Bunting; *Emberiza godlewskii*

眼后具栗色斑纹

沈越·摄

栖息地：栖息于干燥多岩石的丘陵山坡、林缘、灌丛沟壑等处，低地农田中也可见到。

全长：170mm

识别要点	大型鹀类。雄鸟头、胸蓝灰色，眼先和髭纹黑色，侧冠纹、眼后、耳羽上缘斑纹栗色。上体棕色具黑褐色羽干纹，腰部栗红色。尾羽棕褐色，外侧尾羽具大白斑。翅上具两道白色翅斑，下体淡棕黄色。雌鸟似雄鸟，但羽色稍淡，且头顶多深色纵纹。嘴铅灰色，脚肉色。
生态特征	多活动与山区生境，在山地草坡、灌丛、岩石、草丛间活动觅食，繁殖期常立于灌丛顶端或岩石上边扇动尾羽边鸣叫，鸣声动听。在灌丛上营巢。取食各种植物种子，也吃昆虫。
分　布	在我国分布范围较广，新疆西部、西藏东南部、青海、四川、甘肃、宁夏、内蒙古、云南、华北及东北地区都有分布。国外见于俄罗斯、蒙古、印度北部等地区。大部分为留鸟，少数地区为冬候鸟。
最佳观鸟时间及地区	全年：华北、华中。

贯眼纹黑色

陈建中·摄

栖息地：山区的开阔灌丛、林缘、沟壑、低山农田等处。　全长: 170mm

识别要点	大型鹀类。雄鸟头顶至后颈栗色具深色细纵纹，侧冠纹、贯眼纹、髭纹黑色，头部其他部位及上胸部灰白色。上体棕红色具黑褐色纵纹，腰部栗红色，尾羽黑褐色，最外侧尾羽具大的白斑。下体栗红色，从胸部至腹部颜色逐渐变浅。雌鸟似雄鸟，颜色稍淡，头部黑色斑纹较细，眼后大面积区域棕黄色。上嘴黑灰色，下嘴较浅，脚肉褐色。
生态特征	活动在山区，冬季会到低山地区。繁殖期成对活动，冬季结小群。在灌丛、岩石、草坡间觅食，主要吃植物种子，繁殖期也捕捉昆虫。营巢于矮小的灌丛中。
分　布	国内分布广泛，新疆西部，东北、华北、华中、华东地区都有分布，华南偶见，为留鸟。国外见于西伯利亚南部、蒙古及东至日本的大部分地区。
最佳观鸟时间及地区	全年：除西藏外大部地区。

小鹀（虎头儿） — Little Bunting: *Emberiza pusilla*

耳羽栗红色

赵超·摄

栖息地：山麓和平原地区灌丛、草地、农田、苇塘都有栖息。　全长：130mm

识别要点	小型鹀类。雄鸟头顶、脸部和耳羽栗红色，侧冠纹、贯眼纹、髭纹黑色，眼圈和眉纹后半部色较浅。上体栗褐色具深色纵纹，尾羽黑褐色，最外侧尾羽具大白斑。下体颊、喉皮黄色，余部白色，在前胸和两胁具黑褐色纵纹。雌鸟似雄鸟，色稍淡。嘴黑灰色，脚肉褐色。
生态特征	除繁殖期外常结成大群活动，会与其他鹀类混群。在灌丛、草地等处活动觅食。主要取食各种植物种子，繁殖期也会捕捉昆虫。
分　布	国内分布广泛，在东北北部小面积区域为夏候鸟，东北地区主要为旅鸟，其他大部分地区为旅鸟和冬候鸟。国外见于欧亚大陆北部及东南亚地区。
最佳观鸟时间及地区	春、秋季：东北；秋、冬、春季：全国大部地区。

鸟类识别 287

黄眉鹀（黄眉子）　Yellow-browed Bunting；*Emberiza chrysophrys*

眉纹前端黄色，后部白色

栖息地：林缘、灌丛、市区园林。　全长：150mm

王吉衣·摄

识别要点	雄鸟头部顶冠纹白色，侧冠纹黑色，眉纹前端大部分黄色，后部白色，眼先、眼周、颊部黑色，耳羽处具一白色点斑。上体赤褐色具黑褐色纵纹，尾羽黑褐色，外侧尾羽具大的白色斑块。翅飞羽黑褐色，羽缘色浅，翅上具两道白色翅斑。下体颊纹白色，下颊纹黑色，喉和胸侧具黑褐色点斑，余部污白色，两胁缀有黑褐色纵纹。雌鸟似雄鸟，颜色稍暗淡。嘴铅褐色，脚肉褐色。
生态特征	非繁殖期长与其他鹀类混群活动，觅食植物种子，繁殖期也吃昆虫，在树上筑巢。
分　布	国内在东北、华北、华东地区为旅鸟，华南和东南地区为冬候鸟。国外见于俄罗斯、朝鲜。
最佳观鸟时间及地区	春、秋季：东部地区。

黄喉鹀（黄眉子）　Yellow-throated Bunting；*Emberiza elegans*

冠羽亮黄色

沈越·摄

栖息地：多在山麓和丘陵林地生境栖息，果园、城市园林中也可见到。　全长：180mm

识别要点	雄鸟头顶黑色，具小的冠羽，贯眼纹宽阔黑色，眉纹、后枕部和喉部亮黄色。后颈黑色，羽缘淡灰。上体栗褐色具深色羽干纹，腰淡灰褐色。尾羽黑褐色，中央尾羽色较淡，外侧尾羽具大白斑。翅上具两道浅色翅斑。下体羽在胸前具一黑色三角形斑块，两胁淡褐色，具深色纵纹，腹部白色。雌鸟似雄鸟，但羽色较淡，头部深色区域为浅棕色。嘴近黑色，脚肉粉色。
生态特征	多单独活动，少结群。在林下觅食，取食多种植物种子、果实，也食昆虫。繁殖期在草丛中地面凹陷处营巢。
分　布	国内在东北地区多为夏候鸟，在华北、华东地区为夏候鸟和旅鸟，华中和西南地区为留鸟，华南地区为冬候鸟。国外见于西伯利亚东南部、朝鲜及日本等地。
最佳观鸟时间及地区	夏季：东北；春、秋季：华北及以南地区。

黄胸鹀（黄胆） Yellow-breasted Bunting；*Emberiza aureola*

胸部亮黄色————

栖息地：喜湿地芦苇丛生境，在稻田、湿地灌丛生境也有很多栖息。全长：150mm

赵超·摄

识别要点	体形中等的鹀类。雄鸟头顶至后颈、背部栗红色，羽缘棕色，头部脸侧、颏、喉黑色；背部具黑褐色羽干纹。尾羽黑褐色，最外侧尾羽具大白斑。翅上具一大的白色斑块和一条白色翅斑。下体在胸部具有完整的栗色横纹与后颈部相连，余部亮黄色，两胁杂有深褐色纵纹。雌鸟头部少黑色，具黄色眉纹，眼周、耳羽浅褐色，具褐色髭纹。翅上无大白斑，余部似雄鸟。上嘴灰色，下嘴肉棕色。脚肉褐色。
生态特征	非繁殖期喜结大群活动，在稻田、芦苇丛中游荡觅食，取食各种植物种子，繁殖期也捕捉昆虫，营巢于草丛地面上。10多年前曾经数量极多，但因大量捕捉和栖息地破坏现已较少见到。
分　布	在国内除新疆、西藏等地外大部分地区都有分布，在东北地区为夏候鸟，华北、华中、华东和西南地区为旅鸟，在华南沿海地区为冬候鸟。国外见于西伯利亚地区和东南亚。
最佳观鸟时间及地区	夏季：东北；春、秋季：除西藏外大部地区。

栗鹀（紫背儿）　　　Chestnut Bunting；*Emberiza rutila*

上体大部栗红色

沈越·摄

栖息地：栖息于有低矮灌丛的开阔林地，也见于农田附近和林缘附近，城市园林中也可见到。　　全长：150mm

识别要点	体形与黄胸鹀相似。雄鸟头颈、喉部、前胸、肩背部到尾上覆羽都为栗红色。翅膀飞羽黑褐色，尾羽黑褐色，下体皮黄色，两胁具灰褐色纵纹。雌鸟头部灰褐色，多纵纹，颏、喉皮黄色，余部似雄鸟。嘴灰褐色，脚肉褐色。
生态特征	单独活动或其他鹀类混群，在平原和山麓的林地下觅食，取食植物种子和昆虫，繁殖期营巢于地面草丛中。
分　　布	在国内东北北部繁殖，东北大部、华北、华中、华东地区为旅鸟，华南和西南地区南部为冬候鸟。国外见于西伯利亚和东南亚地区。
最佳观鸟时间及地区	春、秋季：东部地区。

灰头鹀(青头，灰头) Black-faced Bunting；*Emberiza spodocephala*

头、颈和上胸部灰色

沈越·摄

栖息地：近湿地沼泽的苇塘、农田沟渠灌丛。　全长：140mm

识别要点	雄鸟头、颈和上胸部灰色，肩背部黄褐色，具黑褐色纵纹，尾上覆羽橄榄褐色。尾羽黑褐色，最外侧尾羽具白色斑块。下体淡黄色，两胁具深灰色纵纹。雌鸟头和后颈灰褐色具深色纵纹，下体满布灰色纵纹。上嘴和尖端黑褐色，下嘴基部黄褐色。脚肉褐色。
生态特征	平时单独活动，迁徙时集群，也会与其他鹀类混群。活动于稻田、苇塘等沼泽地区，取食植物种子，繁殖期也吃昆虫，在地面凹陷处营巢。
分　布	国内在东北、四川、贵州、云南北部、陕西南部、甘肃、青海东部为夏候鸟，在华南和华东地区为冬候鸟，华北地区多为旅鸟。
最佳观鸟时间及地区	夏季：东北；春、秋季：华北大部；冬季：南方地区。

苇鹀 [春雀（**Qiǎo**）儿]　Pallas's Reed Bunting；*Emberiza pallasi*

翅上小覆羽蓝灰色

栖息地：湿地苇塘、沼泽草丛、农田沟渠。　全长：140mm

赵超·摄

识别要点	小型鹀类，雄鸟繁殖期头部黑色，颊纹白色向后延伸与白色颈环相连。上体各羽黑褐色，羽缘灰褐。翅飞羽黑褐色，羽缘棕褐色，翅上小覆羽蓝灰色，具两道较细的黄白色翅斑。腰和尾上覆羽青灰色。尾羽灰褐色，外侧尾羽具白斑。下体污白，两胁沾灰色。雌鸟似非繁殖期的雄鸟，整体色较淡，头部灰褐色，具污白色眉纹和黑色髭纹。上嘴黑褐色，下嘴肉褐色，脚肉褐色。
生态特征	常结群活动，在苇塘、沼泽草地活动觅食，取食杂草种子，也吃昆虫。繁殖期在灌草丛中营巢。
分　布	国内在新疆、东北、内蒙古、华北北部为旅鸟，甘肃西北部、华北、华东、东南地区为冬候鸟。国外见于俄罗斯、朝鲜、日本等。
最佳观鸟时间及地区	秋、冬、春季：华北东部；冬季：南方东部地区。

附录 中国主要观鸟地点示意图

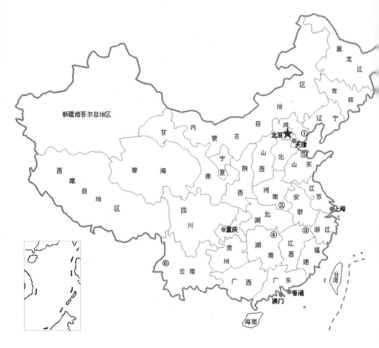

中国主要观鸟地点示意

① 河北北戴河　　　　④ 湖南东洞庭湖
② 河南信阳董寨　　　⑤ 山东东营
③ 江西婺源　　　　　⑥ 云南高黎贡山

索引

1. 拉丁名索引

2. 中文名索引

3. 英文名索引

4. 生态类群索引

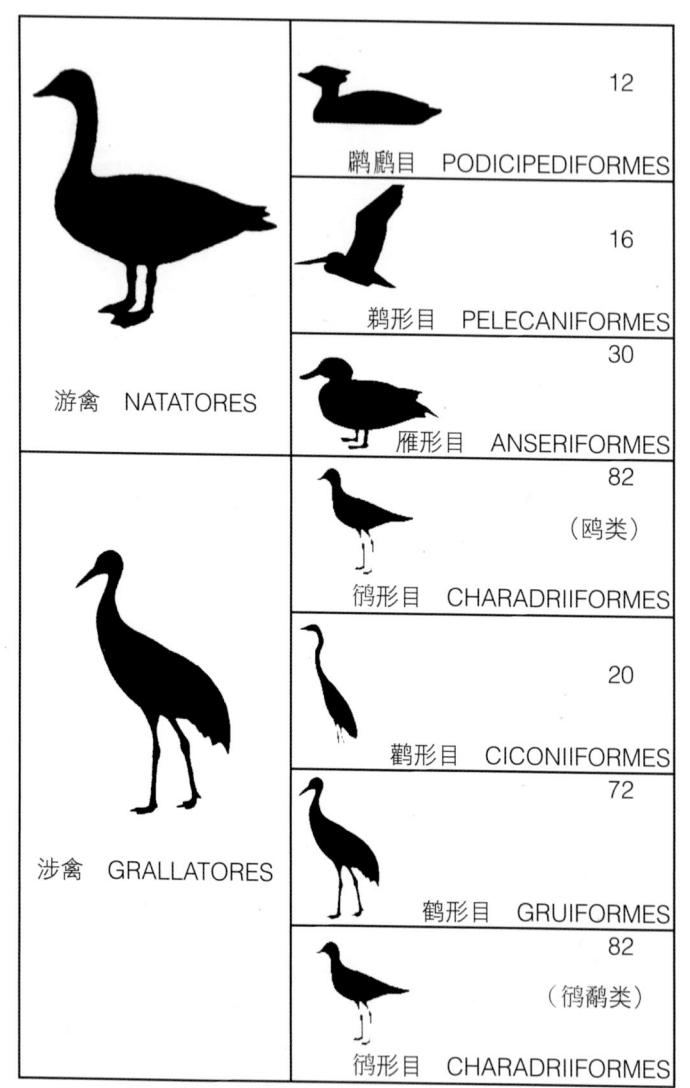

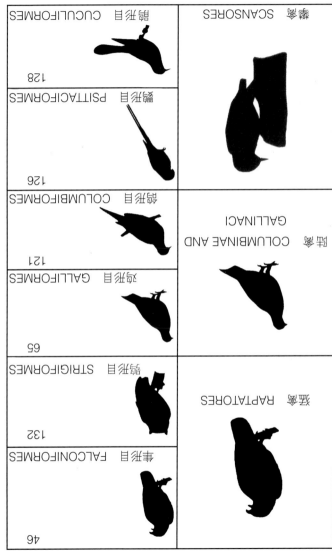

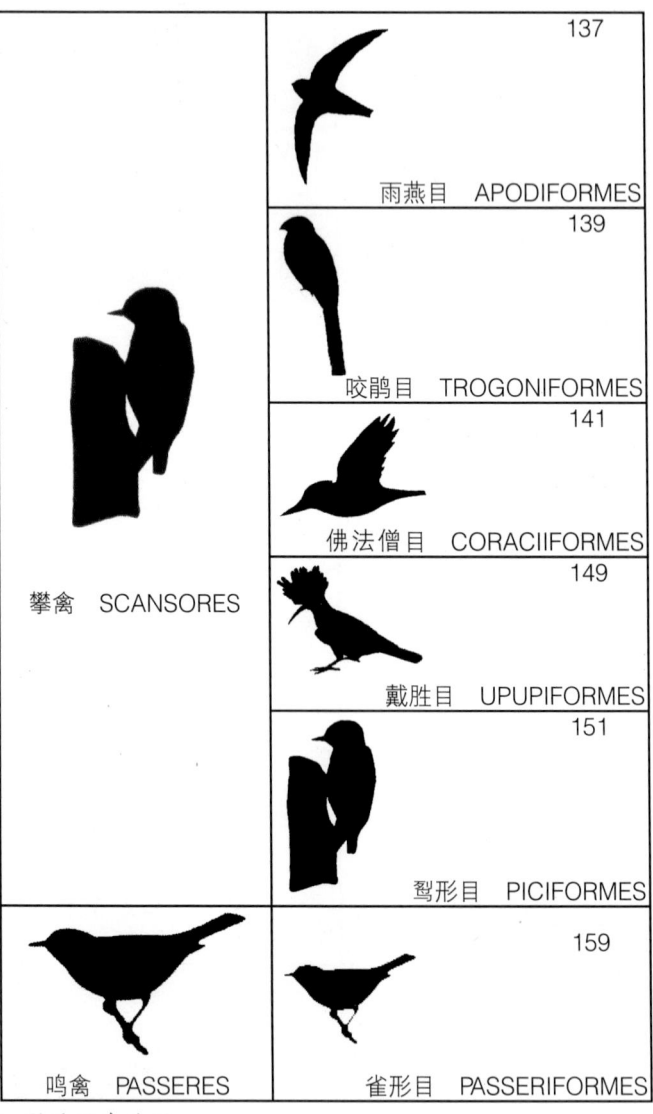

攀禽 SCANSORES

| | 137 |
| 雨燕目 APODIFORMES |

| | 139 |
| 咬鹃目 TROGONIFORMES |

| | 141 |
| 佛法僧目 CORACIIFORMES |

| | 149 |
| 戴胜目 UPUPIFORMES |

| | 151 |
| 鴷形目 PICIFORMES |

鸣禽 PASSERES

| | 159 |
| 雀形目 PASSERIFORMES |